奋力担当
脱贫攻坚的农科重任
—— 北京市农林科学院对口援助工作巡礼

高　华　秦向阳　主编

U0271871

中国农业科学技术出版社

图书在版编目（CIP）数据

奋力担当脱贫攻坚的农科重任：北京市农林科学院对口援助工作巡礼 / 高华，秦向阳主编.—北京：中国农业科学技术出版社，2019.4

ISBN 978 - 7 - 5116 - 3968 - 4

Ⅰ.①奋… Ⅱ.①高… ②秦… Ⅲ.①农业技术 - 扶贫 - 工作经验 - 中国 Ⅳ.①F324.3 ②F323.8

中国版本图书馆 CIP 数据核字（2018）第 289987 号

责任编辑　姚　欢
责任校对　马广洋
出　版　者　中国农业科学技术出版社
　　　　　　北京市海淀区中关村南大街12号　　邮编：100081
电　　　话　（010）82109194（编辑室）　（010）82109702（发行部）
　　　　　　（010）82109709（读者服务部）
传　　　真　（010）82106650
网　　　址　http：//www.castp.cn
经　　　销　各地新华书店
印　　　刷　北京东方宝隆印刷有限公司
开　　　本　787 mm × 1092 mm　1/16
印　　　张　13.75
字　　　数　300 千字
版　　　次　2019年4月第1版　2019年4月第1次印刷
定　　　价　80.00 元

◀━━━◆ 版权所有·翻印必究 ◆━━━▶

《奋力担当脱贫攻坚的农科重任》

——北京市农林科学院对口援助工作巡礼

编委会

主　　任：高　华　李成贵

副主任：喻　京　唐桂均　刘建华　王之岭

委　　员：（按姓氏笔画排序）

王　彦　王　皓　王战河　刘继锋　李　昀

杨国航　张　卫　张利喜　张峻峰　赵　启

胡洪杰　秦向阳

主　　编：高　华　秦向阳

编　　委：（按姓氏笔画排序）

于　峰　王文娟　王守现　王荣焕　王爱玲

文　化　卢彩鸽　付海龙　朱　华　乔晓军

刘　泽　刘　彦　孙焱鑫　李　昀　李冬霞

时　朝　张开春　张秀海　张胜全　陈　葵

武菊英　孟　鹤　赵久然　赵同科　赵昌平

赵秋菊　高　亮　郭晓军　黄　杰　黄丛林

梁国栋　韩立英　程贤禄　魏　蕾

序　言

从西藏的拉萨，到新疆的和田、青海的玉树；从河南的南阳，到湖北的十堰、巴东；从河北的张家口、承德、保定，到内蒙古的赤峰、通辽、乌兰察布……

短短几年，我院对口援助范围迅速扩大。

从以专家为主的"点"的工作，到全院统筹"面"的推进，从相对零散的品种引进、技术服务，到农科院特色对口援助模式的形成。

数个春秋，我院对口援助领域日益深化。

我们于今日梳理自己所做的一些工作，忆过去，言现在，是为了更好地谋划未来。回顾我院走过的援助足迹，就是一条奉献之路，一条暖心之路，一条丰收之路。在这条路上，呈现的是农科人勇于担当、甘于奉献、善于做事的农科精神。

——以高度自觉主动担当

"让贫困人口和贫困地区同全国一道进入全面小康社会"，是我们党作出的庄严承诺。时代重任有我作为，关键时刻绝不缺位，在这场打赢脱贫攻坚战的战役中，我院虽无硬性任务，但以高度的责任意识和大局意识，以强烈的使命感，主动担当政治责任，充分发挥自己的农业科研优势，做了大量的对口援助工作。

——以首善标准精准发力

我院积极响应中共北京市委、北京市政府"以首善标准助力对口帮扶省区全面打赢脱贫攻坚战"的承诺，聚合全院之力，争取高水平、立标杆、做示范。

"事必有法，然后可成"。在多年对口援助的生动实践中，我院探索形成了"规划先行、技术导入、示范引领、智力支援"的农科院特色对口援助模式。

　　"物之不齐，物之情也"。在对口援助工作中，我院始终坚持在摸清、摸准、摸透每一个地区实际情况的基础上，将帮扶内容与当地需求、资源禀赋、产业基础精确匹配，精准施策，聚焦突出点，扶到关键处。

　　——以科技之力铸造血之能

　　一粒好种子可以改变世界，一项新技术能够提升整个产业。越是在贫困的地区，科技"四两拨千斤"的杠杆之力往往越能彰显。

　　小型西瓜、樱桃番茄、甜辣椒、黄秋葵、核桃、杏、芦笋、北京油鸡、食用菌、玉米、杂交小麦、特色花卉、抗寒牧草……优良品种与先进技术不断涌入；规划编制、生产示范、技术培训、特色产业提升、科技合作、项目调研、专家对接、干部选派……力度不断增强，形式更加多样。扶贫，扶志，扶智，为对口援助地区的发展凝聚起持续深厚的磅礴生命力。

　　"一花独放不是春，百花齐放春满园""积力之所举，则无不胜也；众智之所为，则无不成也"。时下正值脱贫攻坚战决战胜的时刻，在这个伟大的新时代，在这段充满了光荣与梦想的征程上，我院定会奋发新作为，书写新篇章！

2018年9月

前　言

北京市农林科学院走过了60年光辉历程。农科人在科技创新、服务京郊的同时，时刻不忘历史担当和北京政治责任，充分发挥首都科技优势和首善作用，积极投身于北京市对接援助工作中。从最初的参与培训、承担项目，到现在举全院之力，开展对援助地区全面的技术服务支撑。在对口援助工作中发挥智力优势和科技优势，探索形成了"规划先行、技术导入、示范引领、智力支援"的对口科技帮扶模式。

自2012年以来，北京市农林科学院在选派技术干部服务受援地区的同时，积极开展科技帮扶工作，先后为受援地区编制15个产业规划，大部分规划已开始实施，成为指导当地产业发展的重要依据，为这些区域的发展提供了重要支撑；开展各种技术服务、技术培训500多次，培训人员11 000人次。目前，在北京市对口援助的7个省（区）89个县均有北京市农林科学院的技术成果应用和专家的技术服务，支撑了和田核桃、尼木净土农业、乌兰察布油鸡、通辽玉米、邓州杂交小麦、内乡茶菊、西峡香菇、十堰中华大樱桃、张北冷凉蔬菜、沽源特色花卉、丰宁特色蔬菜、康保坝上特色养殖等特色产业发展，成为推动受援地区农业科技发展的重要力量。

"雄关漫道真如铁，而今迈步从头越"。在北京市农林科学院成立60年之际，我们编写了《奋力担当脱贫攻坚的农科重任——北京市农林科学院对口援助工作巡礼》，以记录北京市农林科学院在对口援助中所做工作，激励农科人在新时代继往开来，进一步提高政治站位，发挥科技优势，更好地服务受援地区的农业现代化和乡村振兴。

本书在编写过程中得到了北京市农林科学院领导和各所（中心）大力支持，《农民日报》记者李庆国等同志给予热情指导，院原综合所文化研究员对该书进行了统稿，并提出了宝贵意见，院信息与经济所期刊室的同志不辞辛苦投入了大量工作，市扶贫支援办❶智力处、一处、二处、三处等领导同志也给予指导与支持，在此深表感谢。由于时间仓促，书中难免有遗漏、缺点和不足，敬请读者谅解。

编者

---

❶ 根据北京市编委文件，2018年6月15日北京市对口支援和经济合作工作领导小组更名为北京市扶贫协作和支援合作工作领导小组，简称由"市支援合作办"改为"市扶贫支援办"。本书中涉及该办名字的内容，仍以"市支援合作办"称谓。

目　录

I

奋力担当脱贫攻坚的农科重任
——北京市农林科学院对口援助工作巡礼

第一部分

开启对口支援的农科征程

科技助力受援地区农业产业升级

北京市支援合作工作包括对口支援、对口帮扶、对口协作、对口合作和区域合作。截至2018年，北京市支援合作工作已发展到了20个省（区）市，其中支援帮扶协作地区涵盖了全国7个省（区）共89个县级地区。北京市农林科学院自2012年以来，充分发挥自身的农业科技优势，积极参与北京市的支援合作工作。在市支援合作办的支持与指导及受援地区相关部门的配合下，逐步开展了对口支援、对口协作、对口帮扶地区的科技帮扶工作。从2015年开始，针对支援协作帮扶地区的农业科技需求，我院从规划引导、技术服务、产业支撑和智力援助4个方面加强了支援、协作、帮扶的工作，有力地支撑和推动了拉萨、和田、南阳等对口援助地区现代农业的发展，探索形成了"规划先行、技术导入、示范引领、智力支援"的农科院特色对口支援模式。

一、发展历程

我院对口援助工作，按照组织形式大致经历了两个阶段。

2015年以前，我院的对口援助工作主要集中在专家层面，体现为专家的个人行为和被动落实。一是由专家依托所承担的对口援助项目来开展。对口援助项目主要来源于市农委、市科委、市农业局等单位，专家依托项目在受援地区开展品种技术引进和示范推广工作。二是专家参与农业部、科技部、人保部和市委组织部、人力资源部门等开展的援疆援藏人才等行动，并在受援地区开展技术对接、技术培训和技术服务等活动。专家层面的对口援助主要是点上的工作，比较零散，缺乏主动性，显示度也不高。

BAAFS

奋力担当脱贫攻坚的农科重任

2015年之后，我院的对口援助工作上升到全院层面，体现为全院的统筹协调和主动服务。

2015—2017年，我院的对口援助工作实现了跨越式发展。其中有3个标志性节点：其一，2015年8月28日，市支援合作办张力兵主任带队到我院调研座谈时提出，要结合受援地区的科技需求，加大北京市农业领域的对口协作，推动北京市优秀的农业科技成果在外地转化落地，带动当地农户增收致富，并积极探索将我院农业科技成果转化纳入北京市对口援助和经济合作工作的"十三五"规划中。我院积极回应，并明确主管领导和主管部门，全力支撑对口援助工作。其二，2016年3月15日，新疆兵团援疆办主任尤小春一行到我院交流，援和指挥部副指挥、第十四师副师长支现伟在交流会上指出，第十四师二二四团设施农业等发展比较快，而且第十四师在昆玉市刚挂牌成立，可以在二二四团规划出土地2 000～3 000亩（1亩≈667 m², 15亩≈1 hm²，全书同），由我院派技术团队进行规划设计、整体组织实施和技术服务，体现现代农业特色，并采用"政府+市场"的模式进行运营。其三，2016年5月7日，我院和新疆兵团第十四师签署农业科技合作协议，举全院之力全面支撑第十四师现代农业发展。在服务形式和内容上，由专家服务到全院总体协调，与受援地区对接，根据需求加强科技支撑，对口帮扶工作上升到院层面统筹，由1名院领导牵头，成果转化与推广处组织实施相关对口援助工作。

在市支援合作办的支持下，我院积极与受援地区主管部门对接，围绕当地产业需求和科技需求开展科技支撑工作，使我院成果成为当地农业转型升级的重要资源，通过当地对口援助项目，促进共赢发展；从政治高度策划部署，把对口援助工作作为我院的重要工作内容。关于服务形式和内容，在市支援合作办的统筹下，积极对接、主动服务，我院对口援助科技支撑工作上升到了一个新的高度。

我院先后与兵团第十四师、内蒙古通辽市、拉萨农牧局、河北丰宁县、河北康保县、河南南阳市、河南内乡县、河南邓州市、河南西峡县签署农业科技合作协议，由点到面进行对口科技帮扶。

二、援助方式

（一）智力援助

BAAFS

奋力担当脱贫攻坚的农科重任

我院立足于培养受援地农业科技实用人才、加快当地农业科技进步，把开展智力援助作为支援工作的重点，通过干部选派、实地调研等方式，积极引导优势人才深入一线开展服务。希望在长期的摸索中逐步建立有效的培养模式和长效的培养投入机制，协助受援地培养一支素质高、结构合理的实用人才队伍。

1.选派干部

我院先后选派了多名专家干部赴受援地区挂职，开展技术指导，促进科技合作。2015年9月，蔬菜中心武占会研究员受聘为"和田地区社会经济发展顾问团特聘专家"，多次到和田进行蔬菜科学施肥的技术指导；畜牧所曾令超、张小月分别于2011年和2013年作为"技术援藏"的一员深入拉萨各乡县做技术服务工作；2016年7月，信息中心的邢斌副研究员赴拉萨市农牧局挂职，进一步深化信息技术支撑拉萨市农牧业发展，推动农产品安全追溯体系建设，推进当地互联网+农业发展；2017年年初，选派林果专家张锐副研究员到新疆和田任北京援疆指挥部规划发展部副部长、和田地区林业局副局长，在和田开展农业科技服务与指导工作。

2.政策研究

我院信息与经济所于2016年7—9月，分别前往北京对口支援的青海玉树、西藏拉萨、内蒙古乌兰察布与赤峰、湖北巴东与十堰以及河南南阳等5省（自治区）的7个地区，采取机构访谈、实地考察两种形式对当地农业发展现状、对口支援现状展开调研，完成调研报告《新形势下促进首都农业科技在受援地区辐射带动作用的研究》；同时，对河北蔬菜主产区开展调研，弄清了河北省蔬菜主栽品种、产量及生产分布情况、上市周期、技术水平、生产组织方式等，并分析了河北蔬菜生产规模及进京蔬菜供应量；通过调研北京市农产品批发市场，掌握河北进京蔬菜的销售与需求情况，进而从总体上把握进京蔬菜供需现状，最后完成调研报告《京津冀协同发展背景下京冀农产品市场流通研究》。

（二）科技援助

受援地区多数是偏远的西北部地区或者是经济发展较差的山区农村，目前仍以小农经济为主，农牧业与发达地区相比，还存在着较大差距。我院充分发挥了农牧业科技优势，结合受援地区丰富的物种资源和独特的地理环境特点，通过引进新优品种、示范新型技术、建立示范园区、开发信息技术平台、开展科技咨询和技术培训、展会推介等多种形式，实现受援地区产业科技能力提升、农牧产业链进一步完善的目标。

1.培训技术人才

2012年以来，我院在新疆和田、西藏拉萨、南水北调库区、内蒙古、河北等受援地区共组织开展和参与培训百余次，内容涉及设施农业管理、无土栽培技术、禽畜养殖繁育技术、果蔬贮藏保鲜、水肥一体化技术、互联网+、农业物联网应用等多个方面，采用应时应季、课堂授课、现场观摩、实操训练等多种形式，培养了一批农业技术人才，为当地农业转型升级提供了人才支撑。

2.引进优新品种

根据受援地区地理、气候、历史、人文环境，引进了畜禽（油鸡）、果树（核桃、杏等）、蔬菜（茄子、黄瓜、辣椒等设施蔬菜）、花卉（百合、菊花等）、食用菌、小麦、玉米、牧草等多种适合当地种植和繁育的新优品种，完成了品种比较试验，并在当地进行了大规模扩种，增加了经济效益。

3.延伸产业链条

结合当地特色产业及发展规划，建立了多个现代化的农业示范园区。引入了先进的生产管理技术，提升了生产能力、产品质量及产后贮藏加工能力；搭建了现代化的信息服务平台，畅通了产销信息对接渠道，为产业链条的延伸和完整化提供了保障。

（三）产业援助

近年来，多数受援地区的特色产业已初具规模，但产业体系尚不健全，绿色发展不足，且存在产业化程度低、产业链条短、产品附加值较低、品牌经营理念缺乏、销售渠道单一等问题。我院针对以上存在的问题，提出了规划先行、供给侧结构性改革、一二三产业融合、多元化科技注入、扶植新型经营主体、强化品牌经营理念的产业援助模式，扶持特色优势产业，提升当地产业自我发展能力。

1.规划先行

我院在市支援合作办及市援和指挥部的支持下，通过细致的调研，为受援地区编制了16项农业发展规划。其中为新疆、西藏地区编制农业发展规划6项，包括《北京市援助新疆和田地区三县一市及农十四师农业发展规划（2011—2015）》《国家农业科技园区"先导区"规划设计方案（2017—2022）》《新疆兵团第十四师北京现代农业示范基地规划设计（2016—2021）》《新疆兵团第十四师昆玉市农业产业发展总体规划（2016—2021）》《新疆兵团第十四师一牧场旅游发展总体规划（2016—2021）》《尼木

BAAFS

奋力担当脱贫攻坚的农科重任

县有机农业发展总体规划（2016—2021）》；为南水北调相关受援地区编制农业发展规划5项，包括《邓州市特色农业产业总体规划（2017—2022）》《邓州市杏山旅游区旅游产业规划（2017—2022）》《邓州市孟楼镇农业产业发展总体规划（2017—2022）》《邓州市张楼乡农业产业发展规划（2017—2022）》《神农架林区休闲农林产业发展总体规划（2017—2022）》；编制京冀、京蒙对口帮扶农业发展规划4项，包括《丰宁国家农业科技园区控制性详细规划（2017—2022）》《赤城县农业产业发展总体规划（2017—2022）》《云蒙山休闲农业产业发展总体规划（2017—2022）》《内蒙古察右前旗冷凉蔬菜产业园区规划（2012—2017）》。

2.专项合作

我院根据受援地特色产业薄弱情况，在政府专项资金的支持下，联合新型经营主体（农业合作社、龙头企业、高新科技示范园区等），制定了专项产业合作计划；开展了邓州小麦基地建设、北京油鸡进藏进蒙、文玩核桃产业示范、"郫邑贡菊"品牌打造及通辽玉米产业推广等工作；在多个受援地区进行了特色产业援助，积极打造和树立优质农业品牌，促进当地特色产业转型升级和产业融合，带领当地农民增产创收。

三、援助成效

（一）科技培养农牧业技术实用人才

由于人才是受援地区最为缺乏的发展要素，我院把为当地培养科技实用人才作为对口援助工作的重点之一，针对对口支援地区、对口协作地区和对口帮扶地区的不同需求，开展了大规模的技术培训，为受援地区培养了一批科技实用人才，增强了当地农业发展的内生动力。

1.对口支援地区技术培训

我院自2012年以来共组织开展和参与培训50余次，培训内容涉及设施农业管理、无土栽培技术、核桃、葡萄、矮化苹果、矮化樱桃、肉鸽养殖、果蔬贮藏保鲜、水肥一体化技术、"互联网+"、农业物联网应用等，共培训当地技术人员1000人次以上，培养技术人员100人。很多受训人员成为当地企业（基地）的技术骨干，为当地农业转型升级提供了人才支撑。

2016年我院积极参与了由北京市委组织部人才工作处组织的"首都专家拉萨行暨拉萨市百名专家下基层服务活动"，并举办了拉萨市农牧业龙头企业和农牧民专业合作社电子商务培训班和"互联网+"进修班"。培训内容包括油鸡养殖技术、食用菌生产技术、生态养殖技术、电子商务和"互联网+"现代农业理论。提高了当地技术人员的种养技术水平和"互联网+"思维，提升了电子商务应用能力，为拉萨农业发展起到了良好的助推作用。

2.对口协作地区技术培训

2017年，我院植环所黄金宝副研究员参加了由北京市农委组织的"北京专家赴十堰对口协作活动"，他讲解和介绍了石榴褐腐病和石榴干腐病的发生与防治；在作为"南水北调"源头的丹江口市，讲解和介绍了核桃黑斑病和魔芋软腐病的发生与防治，并对杨树细菌性病害出了防治建议。通过此次对接交流活动，受援单位与北京市专家建立了友好感情和交流平台，我院也与十堰市和丹江口市建立了更为密切的业务联系。

3.对口帮扶地区技术培训

2016—2017年，我院植环所专家参加了"科技列车赤峰行暨2016年内蒙古自治区科技活动周"活动，在河北丰宁举办了"食用菌安全生产及栽培新品种新技术"的专业技术培训报告，围绕食用菌品种选用、安全生产、栽培及深加工技术、品牌建设等方面对菇

奋力担当脱贫攻坚的农科重任

农进行培训，同时深入生产基地，对生产存在问题提出了相应的技术解决措施，活动受到了当地政府与菇农的热烈欢迎。"科技列车赤峰行"获得全国科技周组委会和科技部政策法规司颁发的纪念证书。河北省的培训活动对落实京津冀食用菌产业联盟倡议书、解决共性关键技术问题、实现产学研用相结合、促进京津冀食用菌产业协同创新和优化升级均起到积极推动作用。

2017年我院水产所组织召开了京津冀水产健康养殖技术培训班。围绕京津冀罗非鱼产业现状与发展前景、养殖的前瞻性技术与关键技术、京津冀基于水生态保护的水生态环境与综合养殖技术等举办讲座，培训81人。

（二）科技助力地方特色产业提质增效

受援地区拥有独特的地理资源优势、丰富的特色种植资源，发展地方特色农牧产业成为实现当地农民创收的重要途径。目前，各地区特色农牧业产业链的前后端是较为薄弱的环节，如产前的优良品种引进选育、产后的保鲜贮藏及深加工仍存在诸多困境。我院针对以上问题，对援助地区进行了技术引进与技术服务，有力地支撑了当地特色产业的提质增效。

1.品种引进改良

我院各专业院所立足优势学科和特色专业，对受援地区开展了细致的实地调研，引进了一批优良的动植物新品种。

我院畜牧所对拉萨市当雄县牧草种植区的气候环境、土壤地理状况、试验示范区机械水利条件等事项进行调研后，优选地区适宜草品种11个（6个燕麦草品种、1个箭筈豌豆品种、2个无芒雀麦品种、1个披碱草品种、1个老芒麦品种）。我院蔬菜中心根据新疆和田地区墨玉县土壤和气候条件，为其引进番茄、辣椒、西瓜、特种蔬菜等6大类75个蔬菜品种，并进行了引进材料的试种、评价，筛选出适合墨玉县种植的5个品种。我院玉米中心在新疆和田地区引进国内外芦笋新品种15个，选育出2个适合当地种植的芦笋品种京绿芦1号和Grande，并初步摸索出了适宜该地区的芦笋高产栽培技术。我院小麦中心承担了北京市科技援疆项目——"墨玉县冬小麦新品种试验研究及良种繁育项目"，先后引种6个杂交小麦品种和6个常规小麦品种，其中京麦3668、京麦7号、京麦6号等杂交小麦在和田试种表现突出，在丰产性、抗逆性等方面显著优于当地品种。我院林果所在和田地区引入京艺1号、京艺2号、华艺1号等文玩麻核桃良种12个；把河南内乡、西峡和淅川，湖北竹山和神农架5个县区作为项目实施地点，发展文玩核桃产业，推广麻核桃良种10个，我院与内蒙古通辽市老科协、通辽市农科院等开展广泛合作，在通辽市大面积示范推广自主创新选育的京科968等京科系列玉米新品种，在生产中表现出了高产优质、抗病抗虫、耐干旱瘠薄、适应性强和抗逆性好等突出优势。

2.产后保鲜、贮藏及深加工

2012年院蔬菜中心作为北京援助新疆重点农业项目"和田县农产品物流保鲜库建设"的交钥匙援建项目的管理单位，负责建设项目实施全过程的管理，承担项目的可行性研究、工程勘察、设计、监理、施工、调试、竣工验收、决算、项目整体移交等事宜，最终完成了1 500吨冷藏库、500吨冷冻库项目建设任务；2017年我院林果所与湖北省十堰市农科院合作开展了"中华大樱桃贮藏保鲜技术研究"，联合组建了中华樱桃保鲜技术攻关研发团队，开展了果实发育过程品质变化、果实采后贮藏特性、果实物流保鲜技术等研究，推进十堰市中华大樱桃的产业化、商品化，提高了当地中华大樱桃的附加值。

（三）科技保障农业生态环境保护治理

农业生态环境保护治理是我院与受援地区共同面临和亟待解决的问题，我院加强了对对口支援地区，尤其是西北地区、南水北调库区等地的生态保护和监测工作。科技支撑共同推进生态环境保护与治理，在改善水源质量、水土流失治理、生态环境监测、建设生态文明城市等方面发挥了重要作用。

1.南水北调水源地生态农业关键技术研究与示范

我院对接十堰市农科院，共同推动丹江口库区十堰生态农业研究院建设，重点开展郧阳区区域生态循环农业示范、丹江口库区典型区域现代生态农业关键技术研究与示范、食用菌多级循环利用技术研究与示范等技术攻关和技术培训，承担了《神农架林区休闲农林产业发展总体规划》编制，加快了当地生态农业建设和生态旅游乡村建设步伐。

2.西藏抗寒优质牧草生产技术示范应用

2017年1—12月，我院草业中心主持完成院农业科技推广服务项目"抗寒优质牧草生产技术示范应用"。该项目作为我院对西藏拉萨当雄县的对口支援项目，开展了抗寒优质牧草生产技术示范应用，为当雄县引进筛选出适宜当地规模种植的抗寒优质草种，提出抗寒优质人工草地建植及管理技术，为增加地区优质饲草供给、改善和修复生态环境提供了技术支撑。

（四）科技提升新型经营主体的技术水平

我院通过对农业产业科技园区、农民专业合作社、龙头企业的科技援助和专家精准服务，帮助受援地区壮大新型经营主体，使其成为掌握、示范、推广新技术新产业的重要力量和平台，提高示范园区的科技含量和示范带动能力，提升当地农业合作社和龙头产业的引领带动能力。

1.科技援助农民专业合作社

我院科技援助河北滦平尚亚蔬菜农民专业合作社，对基地韭菜生产中的韭蛆防治技术和无土栽培技术进行了指导和规划，通过新技术的示范提升了园区品种的抗病性和商品性，提高了市场竞争力。科技援助河北涞水县绿舵庄园建设，依托绿舵蔬菜销售专业合作社，根据基地种植的作物类型和栽培模式，有针对性地进行了技术指导，尤其对新型节水栽培技术、温室轻简省力化管理技术等进行了详细的指导和实地操作示范；针对目前土壤栽培韭菜病虫害严重，特别是韭蛆防治困难等导致韭菜农药残留严重的问题，开展水培韭菜技术试验示范，并建立水培韭菜综合栽培技术体系。

2.科技援助农业科技产业示范园

建立了张北坝上蔬菜试验农场，占地面积100亩，露地种植面积65亩，日光温室1栋，塑料大棚12个，冬储菜窖1个。在张北坝上示范推广具有自主知识产权的叶根菜类等新品种30个，建立蔬菜优良品种综合示范基地7个；通过示范带动，在河北省环京县市，示范推广蔬菜新品种50 000亩。

3.科技援助当地龙头企业

2016年3月29日，我院蔬菜中心与丰宁荣达农业有限公司签订了《蔬菜新品种新技术试验示范合作协议》，双方围绕优质抗病高产蔬菜新品种示范推广、精品蔬菜安全生产与供应、蔬菜轻简省力化生产等方面开展合作。

4.专家基地一对一精准援助

2016年以来，我院与河北省农林科学院及张家口市、承德市、保定市相关单位合作，使专家与新型经营主体直接对接。目前，已有13位专家与13个基地实现了一对一精准对接。专家与基地签订了3年服务协议，由责任专家组织服务团队开展精准服务。我院给予

BAAFS

奋力担当脱贫攻坚的农科重任

每个基地每年5万元经费支持，连续支持3年。2018年在康保和张北建立了4个专家工作站，以组团服务的方式服务当地特色产业。专家工作站依托当地企业（基地），由首席专家组织服务团队，与基地签订3年服务协议，我院给予每个工作站每年10万元经费支持，连续支持3年，依托企业（基地）按1∶1配套。

（五）信息援助提升农业信息化水平

1.产销信息监测服务

我院与北京市农业局合作开展"蔬菜产销信息监测与服务"应用相关工作。建设"蔬菜产销信息监测与服务"微信公众号、微网站及蔬菜产销信息监测信息管理系统，面向蔬菜种植户全面推广使用，项目覆盖50个乡镇，采集至少10万条蔬菜产销数据；开发京张蔬菜产销信息监测系统APP以及后台管理分析平台，系统将采集录入100个生产监测点的蔬菜产销数据，充分掌握张家口市等冷凉地区蔬菜生产、销售和进京情况，了解北京市批发市场蔬菜来自张家口各地的比例，以服务于夏淡季蔬菜市场走势的研判，稳定京张区域蔬菜市场运行；开展了基于数据分析的京张、京承蔬菜全产业链信息服务研究与应用，构建京张、京承蔬菜市场价格模型，对张家口、承德地区蔬菜品种的平均批发价格进行分析，分析蔬菜价格波动的趋势性和周期性与成分、季节性因子和不规则因素的关系，进而预测短时期内各蔬菜品种的价格。通过产销信息的监测，推动京津冀蔬菜自给率提高。

2.安全生产追溯服务

我院与拉萨市签订了《拉萨市农产品追溯系统技术开发与示范》项目协议。针对"净土"产品的特点，以拉萨市净土产业投资开发有限公司为应用对象，在充分调研公司业务流程的基础上，应用物联网技术开发了面向净土产品的追溯系统，实现产品生产全过程管理与追溯，提高了企业管理效率与产品质量安全水平。

3.综合化集成平台

开展京张农业信息化综合集成服务平台推广应用。在张家口地区推广建设5个农业物联网示范园区，50个双向视频咨询诊断站点以及50个远程教育服务站点；依托我院远程教育中心开展远程培训和咨询指导，实时咨询答疑1 200人次，开展农业专题培训6次，培训农民7.2万人次；扶助张家口13个优质生产基地入驻"智农宝"电商平台，拓宽了农产品销售渠道，提升了销售规模和效益；为张家口农牧局开发了资讯服务类手机应用APP，该应用集成了"三农"动态、惠农政策、农技推广、供求信息、专家在线等13大功能模块，通过该应用，用户可查询农业新闻热点、在线咨询农技问题、掌握农产品市场行情、追踪农产品溯源，帮助用户更好地体验移动农业信息化带来的便利。

4.相关会展活动

举办了"坝上基地蔬菜新品种展示会暨白菜机械化播种展示活动周"（2017年8月1—8日）。基地展示了蔬菜研究中心育成的适于高海拔高原、高山栽培的耐抽薹耐寒叶根菜100余个新品种，包括大白菜20个、娃娃菜11个、甘蓝40个、花椰菜19个、萝卜10个、胡萝卜3个、葱2个等；大白菜机械覆膜播种作业展示，包括集起垄、施肥、铺滴灌带、覆膜、播种、覆土于一体的播种机及田间播种作业。来自全国各地的叶根菜种子代理商、京津冀农业技术推广人员、叶根菜种植大户等100余人参加了展示会。

承办"首届京张承品牌农产品对接会"，搭建京冀农业合作、农产品推介平台。2017年6月22日，在我院职工之家举行了"首届京张承品牌农产品对接会"。对接会设北京、张家口、承德三大展区，共计60家优质农产品企业参展，邀请了北京58家采购商进行产销对接；同时，还邀请了植保、农产品保鲜与加工的专家到展会

BAAFS

奋力担当脱贫攻坚的农科重任

现场进行农业技术咨询服务。此次对接会吸引了包括人民网、中国网、《北京日报》、腾讯视频、网易、千龙网、凤凰网等20多家主流媒体，并相继报道。

综上所述，我院自2012年开展对口援助工作以来，不断加大工作力度，不断调整工作路径，逐步实现了由专家被动承接援助项目向全院统筹协调主动服务的转变。通过智力援助、科技援助、产业援助的方式，对受援地区的农业进行全方位的援助，取得了显著的成效。采用应时应季、课堂授课、现场观摩、实操训练等多种形式，为当地培养一批有知识、懂技术、会操作的农业实用技术人才，为当地农业转型升级提供了人才支撑；通过产前品种引进改良和产后保鲜、贮藏及深加工等全产业链条的科技支撑，帮助当地特色产业提质增效；与受援地区共同开展了南水北调水源地生态农业关键技术研究与示范、西藏抗寒优质牧草生产技术示范应用等工作，为当地农业生态环境保护与治理提供技术保障；通过对农业产业科技园区、农民专业合作社、龙头企业的科技援助和专家精准服务，帮助受援地区提升新型经营主体的科技水平；通过产销信息监测服务、安全生产追溯服务、综合集成平台开发、相关会展活动等，提升了受援地区农业信息化的水平。

今后，我院将在北京市支援合作办的支持与指导和院党委的领导下，以对外援助为己任，立足自身优势，将受援地区作为北京农业科技成果转化与推广的重要阵地，不断加大科技援助力度，创新援助方式、模式与机制，为受援地区现代农业的建设提供强有力的支撑，为北京市支援合作工作做出应有的贡献。

BAAFS

奋力担当脱贫攻坚的农科重任

2016年5月7日，我院与新疆兵团第十四师签署农业科技合作协议

2016年8月30日，我院与河北省丰宁县人民政府签订农业科技合作框架协议

2017年3月8日，我院与河南省邓州市政府签署合作协议

2017年12月15日，我院与河南省西峡县政府签署农业科技合作协议

2016年9月6日，我院与内蒙古自治区通辽市政府签署农业科技合作协议

2018年3月31日，我院与河北省康保县人民政府签订农业科技合作框架协议

2015年8月28日，原市支援合作办张力兵主任（左2）到我院调研

2016年3月15日，新疆兵团援疆办主任尤小春一行到我院交流

2018年3月14日，市扶贫援合办主任马新明（左2）考察我院邓州杂交小麦基地

2017年8月16日，和田国家农业科技园区先导区合作对接

2018年1月24日，李成贵院长出席河南省邓州基地培土奠基

2017年8月20日，院党委副书记喻京同志（前排右4）带队与拉萨农牧局交流并看望拉萨挂职同志

2016年5月7日，高华书记一行在新疆兵团第十四师考察

2016年8月16日，李成贵院长为新疆兵团第十四师专家工作站揭牌

2016年8月16日，李成贵院长在新疆兵团第十四师调研考察

奋力担当脱贫攻坚的农科重任
——北京市农林科学院对口援助工作巡礼

第二部分

规划先行　绘就受援地发展蓝图

一、规划引导，科技支撑新疆、西藏受援地区现代农牧业发展

（一）北京市援助新疆和田地区三县一市及新疆兵团第十四师农业发展规划（2011—2015年）

团队成员：

周连第、王爱玲、李武、徐刚毅、胡艳霞、陈慈、周中仁、王瑞波、赵景文

规划背景：

新疆发展在党和国家工作全局中具有重要的战略地位。为加快新疆地区发展，2010年3月，中共中央召开全国对口支援新疆工作会议，开启了全国支援新疆工作的新阶段。加强和推进新一轮对口支援新疆工作，是发挥社会主义制度优越性、巩固和发展各民族大团结的重大举措，是新疆加快发展和长治久安的战略措施和必要保证。

根据中央的安排，北京市对口支援新疆和田地区（和田市、和田县、墨玉县、洛浦县及新疆兵团第十四师4个团场）。北京市委、市政府高度重视援疆工作，提出了"首善标准"的援疆工作总要求。市主要领导于当年4月10—12日赴新疆和田地区进行考察；高标准组建了北京市对口援疆组织机构，成立了由刘淇书记任组长、郭金龙市长任常务副组长的对口支援与经济合作工作领导小组；设立了领导小组办公室及新疆和田前线指挥部，并迅速进疆开展调研和衔接工作；召开了全市对口援疆工作会议，部署了本市全面援疆工作。

按照市里统一分工和市领导要求，我院在全市对口支援新疆和田地区三县一市和新疆兵团第十四师工作中承担农业援助相关工

BAAFS

奋力担当脱贫攻坚的农科重任

作。为科学、有效开展援疆农业工作，特编制此规划，以指导援疆农业工作的有序开展。

规划内容：

本规划范围为北京市对口支援的和田市、和田县、墨玉县、洛浦县三县一市及兵团农十四师所在区域。

近期规划（2011—2015年）：通过实施北京对口援建项目，不断提升援助区域农业生产能力、促进农业产业结构调整、使农业生产效益和农民收入显著提高；通过重点项目带动，使援建项目设施农业亩均增产20%以上，至2015年援建项目土地产出效益年均增收10%以上，作物良种使用率达到50%以上。

远期规划（2016—2020年）：通过10年的对口援建，使和田地区（三县一市及新疆兵团第十四师）的相关农业基础设施明显改善，农业抗灾及综合生产能力显著提高；新品种、新技术得到普遍应用；特色产业规模进一步扩大，初步构建品牌体系，并具有一定的影响力。

规划包含了6个重点建设项目：现代农业科技示范园建设，设施农业改造升级及技术示范站建设，现代农业服务体系建设，特色养殖项目，农民专业合作社和龙头企业建设项目，观光农业示范项目。以重点项目为抓手，力争在设施农业生产、特色畜禽养殖技术及养殖规模、现代农业服务体系3个方面实现新突破。

土地利用布局图：

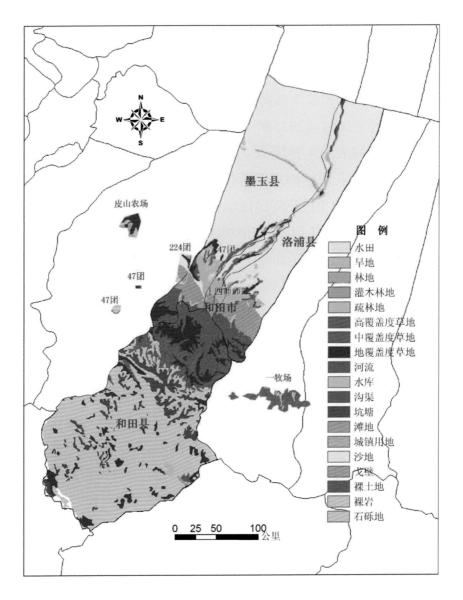

BAAFS

奋力担当脱贫攻坚的农科重任

新疆和田（三县一市及新疆兵团第十四师）土地资源利用图

（二）新疆兵团第十四师北京现代农业示范基地规划设计（2016—2021年）

团队成员：

张斌、智若宇、姜翠红、马超

规划背景：

新疆兵团第十四师二二四团主要以发展红枣为主，农业产业结构不够合理，抵御市场风险和自然灾害的能力还较弱。传统的农业生产模式导致了农业增产不增收，农业效益下降，发展不稳的现象。在土地资源稀缺、农作物生产条件恶劣的背景下，随着昆玉市的建立，人口的大量增加，迫切需要农业科技指导、转变农业粗放式经营模式。新疆十四师昆玉市北京现代农业示范基地的建设，将成为促进十四师昆玉市现代农业发展的一面旗帜，对推动十四师在昆玉市乃至南疆区域的产业结构调整、社会经济发展具有重要的意义。

规划内容：

本规划范围为新疆十四师昆玉市北京现代农业示范基地，规划面积3 000亩。项目区位于新疆十四师昆玉市东南方向，地理坐标位于北纬37°23'84"～37°25'59"、东经79°36'21"～79°37'37"。

新疆十四师昆玉市北京现代农业示范基地将立足南疆、面向全疆、网联全国，坚持突出重点、有序推进的原则，以北京市农林科学院新品种、新技术、新装备、新模式为依托，以现代农业产业技术研发、创新品牌培育和现代服务业建设为重点，形成整合资源、协同创新、服务产业、先导示范的新模式和新机制，大力增强新疆和田地区农业科技创新能力和农业产业的核心竞争力。

2016年5月，规划组到第十四师二二四团规划调研

2016年10月，院专家团队深入新疆兵团十四师北京现代农业示范基地进行农业技术培训

奋力担当脱贫攻坚的农科重任

根据规划原则、目标与发展定位，按照"研发创新化、规划科学化、功能完备化、产业一体化、服务综合化"思路，充分考虑各产业展示示范用地需求预测，融合示范基地的功能和景观要求，对各功能区进行合理布局，空间上形成"一心、两轴、三区、多园"的总体架构。"一心"：综合服务中心；"两轴"：农业科技展示轴、地域文化展示轴；"三区"：科技创新试验区、设施农业展示区、露地农业展示区；"多园"：在3个功能区内布局专类园。

一心工程建设：综合服务云平台建设工程、"示范基地"管理工程、农业生产管理综合信息平台建设工程、农业生态环境实时监测系统建设工程、农业生态环境智能调控系统建设工程、特色农产品质量追溯体系建设工程、农产品质量检测检验中心建设工程。

两轴工程建设：景观建设工程、新型职业农民培训工程、和田文化宣传新媒体数字资源构建工程、电子商务与农产品线上营销工程、休闲体验区建设工程。

三区工程建设：设施蔬菜、新装备与物联网运用、农作物新品种新技术、林果花卉新品种、高标准温室建设、基础设施建设、优质畜牧品种引进及健康养殖模式、优质牧草引进与种植示范、其他主题成果展示。

规划总体布局图：

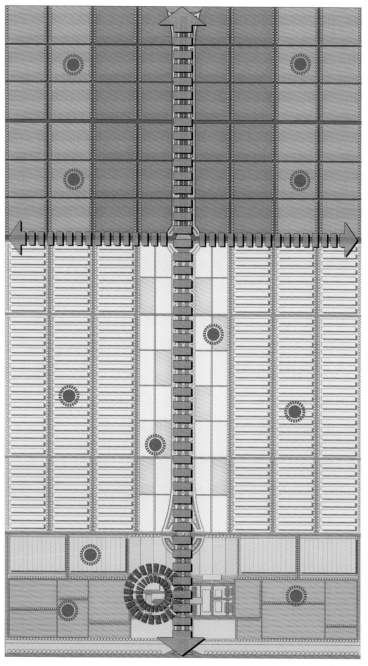

▼　新疆兵团第十四师北京现代农业示范基地规划总体布局图

（三）新疆兵团第十四师昆玉市北京现代高新农业区发展总体规划（2016—2021年）

团队成员：

张斌、马超、姜鹏、姜翠红、智若宇、吴思齐、王植

规划背景：

"十三五"时期，是新疆兵团第十四师深入贯彻落实第二次中央新疆工作座谈会精神、实施兵团"南进"战略、实现跨越式发展的战略机遇期；是全面贯彻落实中央关于新疆和兵团稳定发展工作的总体部署、履行好维稳成边使命，维护和田地区社会稳定和长治久安的重要时期；也是十四师全面深化改革开放、奋起第三次创业、实现经济发展方式转变、全面建成小康社会的战略攻坚时期。昆玉市作为新兴城市，要把其建成和田地区乃至南疆地区经济开发的亮点。借助昆玉建市的契机，大力发展城市郊区农业产业，把农业发展成一个为昆玉市提供蛋、禽、肉、奶、果、蔬等农副产品的基地，全力保障昆玉市广大市民的生活需求；同时，又要壮大农业优势产业，把更多的优质农产品推向国内市场、走向国际市场。

规划内容：

本项目规划自2016年8月开始，规划范围为昆玉市辖区内，共37万亩。

抓住产业结构转型、农业生产方式转变的机遇，发挥"生态文明""兵团文化""红枣产业"三大资源优势，立足和田，辐射全国，以生态、沙漠为载体，以"中华民族大融合"为主脉，以重点项目建设为核心，近期打造集生产、展示、示范、观光、休闲、体验、养生度假于一体的昆玉市农业休闲旅游目的地；中期成为国内著名兵团文化体验地与生态养生度假地；远期建成为能够代表中华民族文化形象的沙漠、绿洲文化旅游目的地，使地方农业产业成为

BAAFS

奋力担当脱贫攻坚的农科重任

2016年10月，李成贵院长带队前往新疆昆玉市考察

2016年10月，就北京现代高新农业示范区项目与十四师签署战略合作协议

国民经济的战略性支柱产业；最终打造成为国家沙漠生态农业科技示范展示地、中亚边境农牧贸易先导区、西部现代农业展示示范区、建设兵团治沙生态创新区、北京市农林科学院援疆样板。

围绕生态主题与产业功能体系的建设，充分利用昆玉市的自然条件、生态资源空间、交通现有基础，在规划区范围内，规划了"一城、一园、三区"的空间布局，实现整体联动布局。"一城"：新兴城市昆玉市；"一园"：现代农业示范核心园区；"三区"：湿地、森林与沙漠组成的生态旅游区，水库范围内的水源保护区，农业物流加工园区。

生态种植示范工程：抗病优质高产蔬菜新品种引进与示范、封闭式循环生态槽培无土栽培技术、安心韭菜栽培系统、紫花苜蓿种植与收获加工技术示范、青贮玉米种植与收获加工技术示范、耐阴抗旱小麦新品种筛选与林下高效种植模式示范、主要果树优质苗木繁育基地建设、果树优良新品种引进和现代高效栽培模式建设、特色经济作物种植示范。

生态养殖示范工程：北京油鸡品种引进及规模化健康养殖试验示范、20万只蛋鸡标准化养殖小区建设、规模养鸽场建设、羊标准化养殖、猪标准化养殖。

生态休闲养生工程：沙地比赛场、骑驼漫步、高端沙产业博物馆、农家乐、金沙碧水亭、采摘园、农耕文化园、红枣康体养生馆、红枣科技博物馆会展中心、红枣DIY体验园。

产业支撑体系工程：果蔬保鲜库及加工车间建设、红枣提质增效项目、利用残次红枣研发畜禽保健饲料或饲料添加剂、分布式作物水肥综合管理系统、有机栽培水肥一体化管理系统、生物质循环再利用技术体系、全元素微生物菌肥种植、新型职业农民培训工程电子商务与农产品线上营销工程、特色农产品质量追溯体系建设工程、信息服务门户网站建设工程、文化科普休闲产业建设工程。

规划总体布局图：

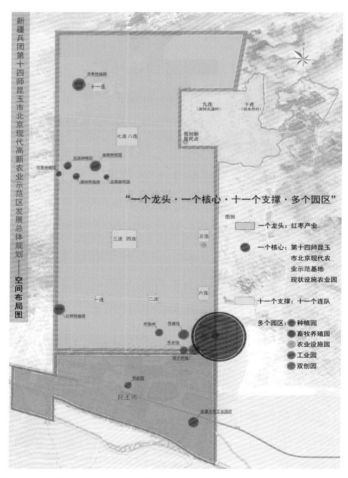

新疆兵团第十四师昆玉市北京现代高新农业区发展总体规划布局图

（四）新疆兵团第十四师一牧场旅游发展总体规划（2016—2021年）

团队成员：

张斌、智若宇、王植、姜翠红

规划背景：

"十三五"是我国旅游消费需求爆发式增长的黄金期，也是新疆自治区旅游产业实现更好更快发展的历史机遇期。南疆五地州要结合"最具风情旅游目的地"建设，加快推出政策创新举措，逐步形成推动旅游产业发展的良性机制。新疆生产建设兵团第十四师昆玉市一牧场创建于1951年，拥有丰富的旅游、林果及畜牧业资源，辖区内的昆仑山大峡谷更是远近驰名的景区。作为构建"昆仑风情小镇、沙漠风情、高原牧村"的重要节点，"和田—于田——牧场"三点一线的旅游大格局的建设要素，以一牧场旅游为重要组成部分的和田旅游已得到新疆维吾尔自治区的大力支持，地委也已将特色旅游业定位为地区城市经济五大支柱产业之一。

▼ 2016年10月，院规划团队赴新疆兵团十四师一牧场进行考察调研

规划内容：

新疆生产建设兵团第十四师一牧场位于"万山之祖"昆仑山脚

下、和田地区策勒县境内，东与于田县相连，西与和田县接壤，南与西藏自治区相望，北与策勒县相通；东西长110 km，南北宽40~45 km，总面积126.6万亩（840 km^2）；地处塔克拉玛干沙漠以南的昆仑山北麓，三面环山，上至雪线，下连戈壁。

抓住产业结构转型、旅游出游方式转变与交通条件改善的机遇，发挥"昆仑文化""兵团文化""绿色生态"3大资源优势，立足和田，辐射兵团，以昆仑、兵团为载体，以"中华民族大融合"为主脉，以重点景区建设为核心，近期打造集观光、休闲、体验、养生度假于一体的兵团休闲旅游目的地之一，形成兵团特色小镇；中期成为国内著名文化体验地与生态养生度假地，远期建成为能够代表中华民族文化形象的昆仑、兵团文化旅游目的地之一，使旅游业成为国民经济的战略性支柱产业。根据一牧场旅游资源分布情况以及将来的旅游开发建设要点，将一牧场整体旅游结构概括为："两心、一轴、多组团联动"。"两心"：一牧场旅游接待核心区、昆仑山自然景观游览核心区；"一轴"："牧谷草原—昆仑探秘"寻踪溯源景观轴；"多组团"：牧场综合服务区多功能组团、雅门景区历史文化休闲主题组团、秘境昆仑体验区组团、昆仑大峡谷多彩自然风光组团，以及其他待开发地区景观组团。

规划总体布局图：

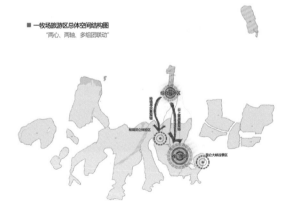

新疆兵团第十四师一牧场旅游发展总体规划布局图

BAAFS

奋力担当脱贫攻坚的农科重任

（五）西藏尼木县有机农业发展规划（2016—2021年）

团队成员：

张斌、马超、姜鹏、陈立光、胡佳佳、王植、吴思齐

规划背景：

西藏是世界"第三极"，具有水、土壤、空气、人文环境"四不污染"的高原独特优势和资源禀赋，在西藏发展高原有机农牧业条件得天独厚。2013年9月，拉萨在西藏率先提出以发展高原有机农牧业为基础，以先进技术引进和提升传统产业为重点，着力开发高原有机健康食品、高原有机生命产品、高原保健药品、心灵休闲旅游产业等融合一二三产业的净土健康产业。尼木县隶属拉萨，也是拉萨实施净土健康产业的主要区县之一，发展有机农业条件优越。尼木以此作为农业发展的重大契机，全力贯彻落实，立足当前形势，着力发展青稞、藜麦、藏鸡、牦牛等有机农业产业，突出有机农业产业示范区的特色。我院工程咨询中心受尼木县政府委托编制《西藏尼木县有机农业发展规划（2016—2021年）》，指导尼木有机农业平稳有序发展，推进全国有机农业示范县创建工作，在未来一段时期内做优做强尼木县农业特色产业。

规划内容：

规划范围为尼木县域行政管辖范围，面积为3 275 km²，涵盖尼木县行政辖区内的塔荣镇、普松乡、卡如乡、续迈乡、尼木乡、吞巴乡、帕古乡、麻江乡共8个乡（镇）。

根据"因地制宜、保护民族特色、拓宽空间、服务百姓"的开发思路，打造特色农牧产业、宣传尼木藏文化、完善基础设施条件、对农业进行转型升级。最终把尼木县综合打造成：国家有机农业展示示范县、世界级原生态藏文化记忆朝圣地、农业科技成果转化样板、北京科技援藏样板县。

综合分析尼木县的自然条件和人文条件，将规划区划为"一心、两带、五区、多园"。"一心"：以尼木县城为中心；"两带"：文旅休闲体验带、绿色-有机农牧示范带；"五区"：帕古、麻江有机观光牧场区，续迈畜牧养殖示范区，尼木、塔荣、普松成效现代农业展示区，卡如乡村聚落展示区，吞巴旅游文化农业休闲体验区；"多园"：多个有机农牧业综合发展示范园。

奋力担当脱贫攻坚的农科重任

2017年4月，院专家团队前往西藏尼木县进行调研

2017年4月，院专家团队与尼木县领导进行对接交流

一期项目：青稞优质高产栽培种植示范基地、青稞精深加工项目；藜麦有机种植示范基地、藜麦加工项目；牦牛健康养殖示范基地、牦牛产品加工；藏鸡原种保育基地、标准化藏鸡养殖基地项目；尼木县藏香综合产业开发。

二期项目：小麦品种引进与种植示范、土豆品种引进与示范、果树种植、中藏药材有机种植示范基地、藏药加工、尼木县藏纸综合产业开发、尼木县冰川饮用水开发、蔬菜保鲜库及加工车间建设、农业生态环境实时监测系统、新型职业农民培训工程、特色农产品质量追溯体系建设、信息服务门户网站建设。

规划总体布局图：

▶ 西藏尼木县有机农业发展规划布局图

（六）新疆和田市国家农业科技园区"先导区"规划设计方案（2017—2022年）

团队成员：

张斌、马超、姜鹏、姜翠红、王源斌、智若宇

规划背景：

和田地区的和田市、和田县、墨玉县、洛浦县及兵团新疆兵团第十四师场是北京市对口援助的地区。按照全国对口支援新疆的总体部署，北京市将依托和田地区的资源优势，坚持规划先行、民生优先、突出重点、注重实效、集中力量，分阶段系统性解决重点问题的思路，开展全方位援助。根据国家"一城两区百园结盟"（"121"工程）总体思路及科技部、新疆科技厅关于加快推进地区创建国家农业科技园区的总体部署，尽快将和田国家农业科技园区建成南疆重要的现代农牧业示范区，切实增强农村科技创新能力，为带动和田农村经济社会发展，推进城乡一体化发展及农牧民增收致富提供有效模式和科技支撑。

规划内容：

和田国家农业科技园区将成为现代化科技示范基地、农业科技成果转化基地和农村科技创新企业投资、农民就业、人才培养基地，对和田经济发展、社会稳定、农民持续增收起到龙头带动作用。

本项目位于和田县英阿瓦提乡境内，315国道以北5km处，和田县经济新区北区的北侧，距离和田市18km。科技园区东至光明路、南至文明路、西至北京路、北至民生路。先导区位于园区北部。项目所在地为沙丘人工推平场地，地势平坦，四周建成道路较场地高，面积1317亩。其中有150～200亩为预留学校建设用地。

根据规划原则、目标与发展定位，按照"研发创新化、规划科

BAAFS

奋力担当脱贫攻坚的农科重任

学化、功能完备化、产业一体化、服务综合化"思路，充分考虑各产业展示示范用地需求预测，融合示范基地的功能和景观要求，对各功能区进行合理布局，空间上形成"一心、两轴、三区"的总体架构。"一心"：综合服务中心；"两轴"：科技展示轴和文化展示轴；"三区"：设施农业区、露天农业区、预留建设区。

▼ 2017年8月，院专家团队赴新疆和田市进行项目汇报

综合服务中心工程建设：基础设施建筑工程、综合管理景观工程、基地信息管理工程、设施农业物联网信息系统工程、电子商务服务工程、果蔬保鲜库及种质资源库工程、新型职业农民培训工程、生态餐厅建设工程。

"两轴"工程建设：和田广场景观工程、和田农业历史长廊工程、景观建设工程、和田民族团结展示工程、休闲体验区建设工程。

"三区"工程建设：连栋温室建设工程、新型日光温室建设工程、无土栽培系统建设工程、抗病优质高产林果新品种引进与示范工程、现代设施蔬菜科普工程、番茄新品种引进与示范工程、芦笋引种工程、大麦草引种工程、紫斑牡丹引进与示范工程、京秋4号大白菜及京甜3号甜椒引种工程、观光瞭望塔建设工程、鲜食玉米种植工程、高产小麦种植工程、石榴栽培试验示范工程、矮化苹果栽培试验示范工程、葡萄栽培示范工程、樱桃种植示范园建设工程、油桃种植示范园建设工程、亲耕文化园、维药种植示范工程、青贮玉米种植基地建设工程。

规划总体布局图：

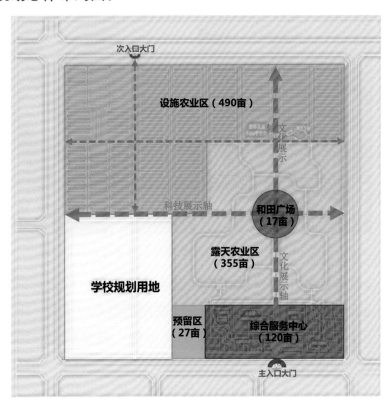

▼ 新疆和田市国家农业科技园区"先导区"规划设计总体布局图

二、规划先行，科技助力南水北调水源地传统农业升级

（一）邓州市特色农业产业总体规划（2017—2022年）

团队成员：

张斌、陈立光、胡小敏、柳莉、郭红鸽、姜鹏、钟春艳、姜翠红、王植、吴思齐

规划背景：

河南省邓州市地处中原腹地，是豫西南门户城市，国务院确定的丹江口库区区域中心城市，享有"中原天府""丹水明珠"之称。土地面积广袤，地理条件优良是邓州市农业发展具备的便利条件，种植结构原始、土地出产效率低、农业发展优势未充分发挥则是邓州市农业当前面临的主要问题。近年来，邓州市政府重视发展农业，特别是引丹工程全面贯通为全市农业发展提供了新契机，但尚缺乏关于特色农业发展的总体规划。本次规划宜融合南水北调精神，紧扣合理利用丹江水资源的出发点，全面开发特色农业产业，为邓州市农业发展开辟新方向，全面带动地区农业产业转型，提升土地效率，带动农民脱贫致富。

规划内容：

规划涉及邓州市行政辖区范围，总面积2 369 km²。包括13个镇、11个乡：罗庄镇、汲滩镇、穰东镇、孟楼镇、林扒镇、构林镇、十林镇、张村镇、都司镇、赵集镇、刘集镇、桑庄镇、彭桥镇、白牛乡❶、高集乡、九龙乡、张楼乡、夏集乡、裴营乡、文渠乡、陶营乡、小杨营乡、腰店乡、龙堰乡。

按照"研发创新化、规划科学化、功能完备化、产业一体化、

---

❶ 白牛乡于2013年经河南省政府和省民政厅批准撤乡建镇，现称白牛镇。

服务综合化"的思路,充分利用邓州市的自然条件、生态资源空间布局、交通现有基础与村镇空间布局,提出"一心、一环、三带、两区"的空间格局。"一心":即特色农业产业综合服务中心,位于邓州市市区,以产业集散、综合服务为主要功能。"一环":即都市近郊农业园,为邓州市中心周边区域,以生态休闲、都市农业为主要功能。"三带":南水北调中线特色产业带,地处引丹干渠沿线,主要展示丹江水系生态农业文化;湍河生态绿色农业观光带,分布在湍河沿线,主要展示邓州母亲河——湍河的风采人情;南水北调主线休闲体验带,位于南水北调主工程沿线,主要用于形象展示、宣传教育、弘扬传统。"两区":丹江自流灌溉特色产业区,范围为邓州市南部灌区13乡镇(包含杏山旅游管理区),主要安排涉水农业相关产业;高效农业生产展示示范区,范围为邓州市北部非灌区12乡镇,主要安排涉水农业之外的相关农业产业,以及需水不大的其他涉水农业产业。

对邓州市农业产业进行合理布局,努力探索和推广切合本地实际、适宜本地区发展的农业产业模式,建设涉水农业、设施蔬菜、林果产业、药材种植、科技种业、休闲农业6大特色产业。

BAAFS

奋力担当脱贫攻坚的农科重任

▼ 2017年9月,院规划团队赴河南省邓州市进行调研

▼ 2017年9月,院规划团队深入邓州市走访全市乡镇,了解邓州市农业产业开展情况

涉水农业工程:水稻种植标准化基地建设项目、稻渔立体循环种养基地项目、稻禽立体循环种养基地项目、莲菜标准化种植基地项目、莲鱼共生混合种养基地项目、猪莲碧荷立体循环养殖项目、

荷塘休闲娱乐基地、观赏鱼类养殖基地、食用鱼类标准化养殖基地。设施农业工程：特色蔬菜品种育苗基地、立体循环蔬菜温室项目、特种蔬菜标准化种植基地、现代化智能联栋温室建设项目。特色林果工程：特色林果高效种植园、林下复合种养示范。中草药工程：中草药标准化种植基地、优质中草药药用成分研发中心、优质中草药种植资源科普基地。科技种业工程：超级小麦标准化种植基地、超级小麦制种研究推广基地、良种小麦科学试验田基地、国际级杂交育种科技交流中心、高粱集约化制种实验种植推广基地。休闲农业工程：田园农业观光项目、民俗风情体验项目、农家乐体验项目、村落乡镇游览项目、休闲度假娱乐项目、科普教育展示项目、户外自足游乐项目。支撑保障工程：果蔬保鲜库及加工车间建设、农业综合服务云平台建设工程、现代农业示范基地、农业生产管理综合信息平台建设工程、农业生态环境实时监测系统建设工程、特色农产品质量追溯体系建设工程、蔬菜设施建设工程、新型职业农民培训工程、电子商务与农产品线上营销工程、智慧化道路交通体系构建工程。

规划总体布局图：

空间布局：一心、一环、三带、两区、多园

图例

特色农业产业综合服务中心

涧河生态绿色农业观光带
南水北调中线特色产业带
南水北调主线休闲体验带
丹江白流源特色产业区
高线农业生产观光示范区

▼ 邓州市特色农业产业总体规划布局图

（二）邓州市杏山旅游发展总体规划（2017—2022年）

团队成员：

张斌、陈立光、马超、柳莉、胡佳佳

规划背景：

奋力担当脱贫攻坚的农科重任

2014年3月16日，中共中央、国务院印发了《国家新型城镇化规划（2014—2020年）》，明确提出积极稳妥扎实有序推进城镇化的要求和目标，优化城镇规模结构，增强中心城市辐射带动功能，加快发展中小城市，有重点地发展小城镇，促进大中小城市和小城镇协调发展。杏山旅游管理区位于河南省邓州市西南边缘，是邓州市唯一的浅山丘陵地区。总面积约90 km²，根据《旅游资源分类、调查与评价》的标准，将杏山旅游管理区的旅游资源分为8个主类、13个亚类、41个基本类型。旅游资源整体数量规模较小，等级较低，优良级（三、四、五级）旅游资源比重占评价资源的17%；普通级（一、二级）旅游资源比重达到83%。从总体上看，杏山旅游资源种类齐全，自然生态保护良好，尤其历史人文与自然环境组合性较好。其中，韩营村是渠首景区和镇区衔接的纽带，也是旅游管理区推进村庄建设和旅游发展的主要亮点村庄。

规划内容：

本项目摆脱单纯的景点建设套路，将杏山及周边区域优势资源如渠首、丹江水库、杏山旅游资源纳入旅游资源体系，形成联合互补、共同发展和业务合作，构建包括保护功能、展示功能、文化功能、旅游功能、社区发展五大功能特色生态旅游小镇，吸引不同消费群体，通过人流、物流、信息流的通道开拓，形成旅游深层次开发，突出以旅游业为主导，其他产业联合发展的优势产业集群。

▼ 2017年7月，程贤禄副院长带队赴邓州市杏山区进行走访调研

▼ 2017年9月，院规划团队赴邓州市就杏山区旅游发展总体规划进行汇报

杏山旅游管理区整体旅游结构规划为："一心、两带、四区、多点"。"一心"：旅游综合服务中心；"两带"：乡村休闲体验

带、山体渠首景观休闲体验带；"四区"：林果特色种植与民宿健康体验区、乡村休闲体验与水库休闲体验区、山区生态休闲体验区、生态农业种植休闲体验区。"多点"：林果种植及特色民宿项目：渠首第一村——韩营特色小镇、楚汉风情街——通渠大道、水文化博物馆、阡陌生态林果采摘、生态林果粗加工互动体验、综合服务中心、掌上订制生态果园。水库休闲体验区：刘山水库水上娱乐、水库鱼特色养殖基地、生态林果交易转运平台、精准生态林果种植示范区、林果种植技术展销平台、水库休闲垂钓园。自然山地生态体验区：杏山地质公园、楚长城遗址、渠首观望台——领秀江山、天然大漏斗、剑龙脊、杏山第一泉、古寺院遗址、竹园沟泉、石牙下的悠闲杏山、山地康养农业庄园、幽山秘谷休闲基地、山寨遗址、山野寻泉徒步、环楚长城山地自行车比赛。特色农业种植区：久盛中原多彩花海、万花圃种苗繁育基地。

规划总体布局图：

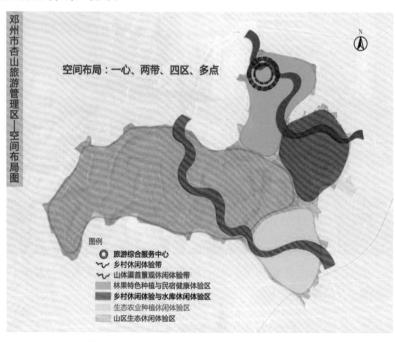

▶ 邓州市杏山旅游发展总体规划布局图

（三）邓州市孟楼镇农业产业发展总体规划（2017—2022年）

团队成员：

张斌、马超、姜鹏、陈立光、姜翠红、吴思齐

规划背景：

2012年9月30日，国务院印发了《关于丹江口库区及上游地区经济社会发展规划的批复》（国函〔2012〕150号，原则同意《丹江口库区及上游地区经济社会发展规划》）。这是保障南水北调中线工程顺利实施、推动生态文明建设、促进区域协调发展的重要举措，对于保障南水北调中线工程顺利实施，促进全国区域协调发展，提升库区及上游地区经济社会发展水平具有重要意义。邓州资源丰富独特，盛产小麦、棉花、芝麻、烟草、小辣椒、花生等农作物和经济作物，是国家粮食、黄牛、外贸烟出口生产基地，素有"粮仓"之称。孟楼镇作为邓州市的农业优势镇以及南水北调水源地，其经济的整体发展水平很大程度上取决于农业和农村经济的发展。为了确保南水北调中线源头水质优良，确保农业增效、农民增收，改善农业生态环境，循环利用农业资源，发展生态农业，实现农业可持续发展，合理规划孟楼镇的农业产业总体规划，成为建设"渠首孟楼"的重大举措之一。

规划内容：

规划范围为河南省邓州市孟楼镇，项目区规划红线范围土地面积8.1万亩。

充分利用孟楼镇的自然条件、生态资源空间布局、交通现有基础与村庄空间布局，根据规划原则、战略部署与发展目标，按照"研发创新化、规划科学化、功能完备化、产业一体化、服务综合化"的思路，规划出了"一心、一轴、两带、四区"的空间格局，实现整体联动局面。"一心"位于孟楼镇城区内，拟建设现代农业

综合服务中心；"一轴"处在孟楼镇正北侧，一直延伸至孟楼镇辖区边界的狭长地带，将建成现代农业生产示范轴；"两带"即农业景观风貌展示带和农业产业展示带；"四区"由西到东分别为休闲农业景观体验区、粮食种植产业区、农业设施及林下经济产业区、种业繁育及水产试验展示区。

生态种植示范工程：青贮玉米种植项目、南瓜大观园建设项目、鲜食玉米种植项目、小麦种植项目、高粱种植项目、抗病优质高产蔬菜新品种引进与示范、封闭式循环生态槽培无土栽培项目、林下经济示范项目、特色经济作物种植项目、优质小麦制种基地项目。生态养殖示范工程：莲藕与鱼类共生循环养殖项目、休闲水产。生态休闲养生工程：农家庄园、果品采摘园、蔬菜采摘园、农耕文化园、高端客户体验会馆、奇巧园艺、现代农业科普基地、水上乐园。产业支撑体系工程：精准农业实施项目、果蔬保鲜库建设、综合服务云平台建设工程、"现代农业示范基地"现代管理工程、农业生产管理综合信息平台建设工程、农业生态环境实时监测系统建设工程、特色农产品质量追溯体系建设工程、蔬菜设施建设工程。

▶ 2017年9月，院规划团队赴邓州市孟楼镇进行补充调研

规划总体布局图：

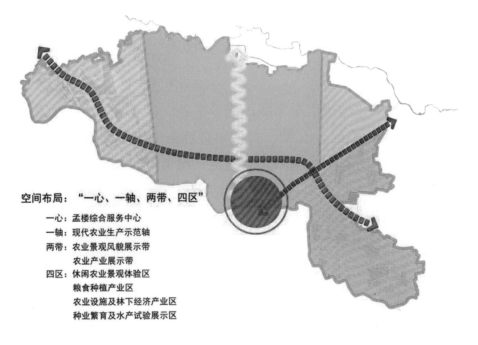

空间布局："一心、一轴、两带、四区"

一心：孟楼综合服务中心
一轴：现代农业生产示范轴
两带：农业景观风貌展示带
　　　农业产业展示带
四区：休闲农业景观体验区
　　　粮食种植产业区
　　　农业设施及林下经济产业区
　　　种业繁育及水产试验展示区

▶ 邓州市孟楼镇农业产业发展总体规划布局图

（四）邓州市张楼乡农业产业发展总体规划（2017—2022年）

团队成员：

张斌、陈立光、胡小敏、柳莉、郭红鸽

规划背景：

张楼乡位于邓州市东北部，地势平坦，属于城乡结合地区。粮食作物主要有小麦、玉米、大豆和番薯，总体农作物种植面积较小；因此，未来如何使有限的种植业产出更高的效益，是张楼乡农业工作的重点。近年来，邓州市政府重视发展农业，特别是引丹工程全线贯通为全市农业发展提供了新契机，但尚缺乏关于特色农业发展的总体规划。

规划内容：

规划范围为张楼乡全域6.8万亩耕地，涵盖全乡辖区内老君、文营、吴集、寺后、李家、油坊、刘楼、耿家、门庙、牛王、张坡、龚家、小丁、茶庵、大庄、吕楼、谷楼、大王营、丁湾、孙渠等24个行政村。

本规划将以城乡结合部为契机，充分发挥示范区聚集效应，综合信息、技术、人才、成果、资金等多方资源，引导周边区域向该区域集中，吸引更多的劳动力向区域内有序流动，使规划区成为拉动区域经济振兴的增长点和吸纳劳动力就业的动力源，辐射带动项目区及周边区域的协调发展。同时确立企业与农民的利益联结机制，通过专业化、系列化服务，提高企业和农民参与农业产业化经营的能力。

充分利用张楼乡的自然条件、生态资源空间布局、交通现有基础与村庄空间布局，规划出了"两心、一带、两轴、两区"的空间格局，实现整体联动局面。"两心"：综合服务中心、农业科创中心；"一带"：湍河休闲创意风景带；"两轴"：近郊农业特色景

奋力担当脱贫攻坚的农科重任

观轴、集约高效农业产业轴；"两区"：都市型近郊农业产业区、高效农业生产展示示范区。

▼ 2017年10月，院规划团队前往邓州市张楼乡进行调研（港门寨）

▼ 2017年10月，院规划团队前往邓州市张楼乡进行项目汇报

生态高效农业种植示范工程：青贮玉米种植项目、鲜食玉米种植项目、小麦种植项目、花生种植项目、抗病优质高产蔬菜新品种

引进与示范、封闭式循环生态槽培无土栽培项目、特色经济作物种植项目、优质小麦制种基地项目。生态循环种养结合示范工程：莲鱼共生循环养殖项目、养猪种莲与休闲农庄项目、奶牛蔬菜种养结合项目、高标准生态养殖小区项目。生态体验休闲养生工程：农家庄园、果品采摘园、蔬菜采摘园、农耕文化园、高端客户体验馆、现代农业科普基地。产业支撑保障体系工程：精准农业实施项目、果蔬保鲜库建设、农业综合服务云平台建设工程、现代农业示范基地、农业生产管理综合信息平台建设工程、农业生态环境实时监测系统建设工程、特色农产品质量追溯体系建设工程、蔬菜设施建设工程。

规划总体布局图：

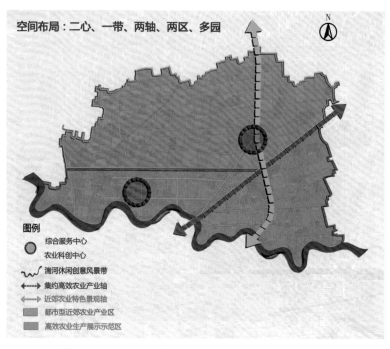

▼ 邓州市张楼乡农业产业发展总体规划布局图

BAAFS

奋力担当脱贫攻坚的农科重任

（五）神农架林区休闲农林产业发展总体规划（2017—2022年）

团队成员：

张斌、陈立光、马超、胡小敏、柳莉

规划背景：

土地种植面积小，地块分散，产业化基础薄弱，种植方式原始，是湖北省神农架林区农业当前面临的主要问题。近年来，林区政府按照"一园一区一地"的总体战略目标积极谋划神农架林区农业转型，但尚缺乏关于农林业发展的总体规划，特编制《神农架林区休闲农林业发展总体规划》。

规划内容：

神农架林区总面积3 253 km²，包括松柏镇、木鱼镇、阳日镇、红坪镇、新华镇、大九湖镇、宋洛乡、下谷乡和3个正县级单位（林业管理局、国家级自然保护区管理局、国家湿地公园管理局）以及2个副县级单位（木鱼省级旅游度假区、盘水生态产业园区）。

本次规划宜结合神农架林区自然生态的优势，突出"精品""特色"，使农林业向"小而精""小而优""小而特"的方向发展，开辟"旅农林"发展新模式，打造原生态农林植物种植示范地。

发挥"生态文明""绿色品质""原始农耕"三大资源优势，立足林区，辐射中原大地京津冀，以神农架旅游为载体，以"原生态休闲农林业"为主脉，以"农业+旅游"建设为核心，将神农架林区规划出"一心、一带、两区、多园区"的空间格局，实现休闲农林产业的联动发展。"一心"：综合服务中心；"一带"：生态健康农业观光休闲体验带；"两区"：生态农业种植及物流集散区、生态旅游观光休闲体验区；"多园区"：以生态种植示范工程为主体的产业园、以生态养殖示范工程为主体的产业园、以生态休闲养生工程为主体的产业园。

生态种植示范工程：神农架红高粱种植基地、神农架洋芋生态种植基地项目、干果种植基地建设项目、高山野菜种植基地建设项目、蔬菜标准化基地建设项目、山核桃种植试验基地建设项目、神农架小杂粮资源圃项目、蔬菜标准园建设项目、特色林下产业种植基地项目、现代农业高效标准茶园建设项目、道地中药材基地及深加工项目、神农野生茶综合开发与利用项目、休闲食品加工建设项目、蔬菜新品种试验示范推广项目。

生态养殖示范工程：特色冷水鱼养殖项目、小蜜蜂养殖基地项目、跑跑猪养殖项目、神帝生态黑猪放养项目、林下土鸡养殖建设项目、野生畜禽人工养殖项目、优质肉羊产业化项目、蜂蜜加工建设项目、标准化屠宰场项目、水产资源保护区项目、中蜂遗传资源保种场项目。

生态休闲养生工程：休闲茶庄园建设项目、美丽乡村休闲农业项目、鲜美采摘园、高原农业博物馆、亲子农耕文化园、中蜂养殖科普基地、土家民族文化村、本土饮食农家乐体验、神农别院生态疗养中心。

产业支撑体系工程：果蔬保鲜库及加工车间建设、农业综合服务云平台建设工程、新型职业农民培训工程、电子商务与农产品线上营销工程、质量溯源体系建设工程、信息服务门户网站建设工程、文化科普休闲产业建设工程、生物科技研究项目、农业循环经济技术体系、产品质量监控体系。

BAAFS

奋力担当脱贫攻坚的农科重任

▐ 2017年12月，院规划团队赴湖北神农架林区展开调研（青天村）

▐ 2017年12月，院规划团队在神农架林区农业局展开对接交流

规划总体布局图：

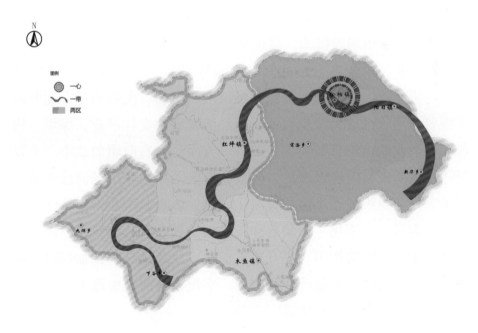

▐ 神农架林区休闲农林产业发展总体规划布局图

三、规划设计，科技助推京冀京蒙特色农业产业布局

（一）内蒙古察右前旗冷凉蔬菜产业园区规划（2012—2017年）

团队成员：

姜鹏、张斌、钟春艳、周中仁、张雅青、沈阅

规划背景：

2010年北京市人民政府和内蒙古自治区人民政府签订了《区域合作框架协议》，协议明确双方进行区域绿色农副产品产销合作，积极推进绿色农副产品"场地挂钩"合作；北京市将内蒙古作为北京市绿色农副产品基地，还共同建设农副产品质量保障体系，最终形成顺畅的产销渠道和统一的质量保障。大兴区作为察右前旗的对口帮扶区县，通过在察右前旗平地泉镇南村等地建设高标准设施农业、蔬菜交易市场等措施，促进全旗蔬菜产业的发展。

近年来，内蒙古自治区乌兰察布市察右前旗蔬菜产业发展迅速，特别是冷凉蔬菜，在保障市场供应、增加农民收入等方面发挥了重要作用，已成为全旗农业农村经济发展的支柱产业，保供、增收、促就业的地位日益突出。但另一方面，察右前旗的蔬菜产业发展还存在基础设施建设滞后、科技支撑能力不强、市场流通渠道不畅通、产业组织体系不健全等突出问题，影响该产业未来持续健康发展。为进一步深化"京蒙合作"成果，提高察右前旗冷凉蔬菜产业园区示范与辐射作用，提升察右前旗冷凉蔬菜品牌，加快察右前旗蔬菜产业发展，增强产业竞争力，实现察右前旗由蔬菜大县向蔬菜强县发展，特制定本规划。

规划内容：

规划区位于内蒙古自治区乌兰察布市察右前旗南村片区、水泉片区和大哈拉片区3个片区，总面积为50 km^2。

BAAFS

奋力担当脱贫攻坚的农科重任

本规划的总体布局为"一心、两轴、三片区"。"一心"：南村核心示范展示区建设，主要在示范区内进行综合服务性质的与电子信息化的项目建设。"两轴"：规划区内的景观轴和观光轴的建设，从南村片区西侧大门到大哈拉片区东侧的一条横贯西东的景观轴和从水泉片区北部向南纵贯规划区，并一直延伸到黄旗海的休闲观光轴。"三片区"：南村设施蔬菜片区、水泉种苗繁育与苤蓝种植片区、大哈拉冷凉玉米片区的建设。

创新引领型项目：蔬菜产业信息服务工程，包括信息中心建设工程、土壤资源信息库及专家咨询系统建设项目、有害生物预警监测系统建设项目、农业安全产品全产业链检测网络服务体系、智慧供应链和物流管理系统平台项目、蔬菜网络营销系统项目、安全品牌农业综合信息服务平台；蔬菜产业新品种与新技术引进示范工程。

调优升级型项目：种业科技创新工程，蔬菜育苗中心建设项目、马铃薯种业创新项目；蔬菜产业结构调优带动工程，露地冷凉蔬菜安全生产项目（标准化基地建设、露地冷凉蔬菜高效生产、甜玉米规模化种植）、设施蔬菜生产基地建设项目、休闲旅游开发建设项目；蔬菜产后流通工程，南村蔬菜物流园区建设项目、小型蔬菜交易市场建设项目；蔬菜生产龙头集群带动工程，蔬菜生产深加工企业建设项目、蔬菜产销农民合作组织培育项目。

支撑保障型项目：农资配套服务工程，农资供应与服务体系建设项目、有机肥厂建设项目；蔬菜安全、防灾工程，蔬菜质量安全检测中心建设项目、蔬菜生产减灾防灾体系建设项目；科技服务工程，科技服务体系建设项目（公益性科技服务体系、有偿科技服务体系）、人才培养项目；基础设施与生态保护工程，基础设施建设项目（道路与交通建设、供水节水工程、垃圾与污水处理设施）、生态保护项目（水资源保护工程、耕地地力提升工程、废弃物循环利用工程、生态环境治理配套服务体系工程）。

规划总体布局图：

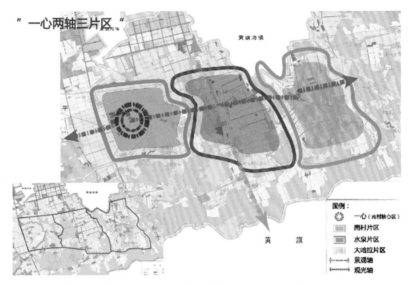

规划目前实施效果：

该规划实施后产生了显著的经济效益。其中，甜玉米、冷凉蔬菜、育苗中心、马铃薯种业纯收入增收1/3；蔬菜深加工、有机肥厂、物流园区、休闲观光项目纯收入较以往增收50%以上。

规划区的蔬菜产品均按照绿色、无公害的标准生产，满足人们对安全食品的需求，减少化肥、农药等化学用品使用对环境的污染；规划区通过菜田水利、道路的统一规划改造与综合治理，形成了菜田标准化的新格局，不仅增加绿地覆盖率，美化了田园，优化了环境，还提高了区域内菜田的综合生产能力和抗灾减灾能力。

规划的实施，已创造就业岗位800个，近两年每年接待观光、休闲、采摘、养生的城市游客2万人次，实现了城乡交流融合；同时，成立农民专业合作社3个，每年培训农民6 000人次，提高了农民的农业科技素质。

奋力担当脱贫攻坚的农科重任

BAAFS

（二）丰宁国家农业科技园核心区控制性详细规划（2017—2022年）

团队成员：

智若宇、张斌、王源斌、胡小敏

规划背景：

2015年3月，京津冀三方签署《推进现代农业协同发展框架协议》，共谋农业科技创新发展。2015年10月，河北省科技厅提出以毗邻北京的14个县（市、区）为核心区，打造环首都现代农业科技示范带。作为示范带的重要组成，未来丰宁必将在现代农业发展方面起到核心引领作用。为发挥引领作用，需为丰宁打造具有区域核心竞争力和比较优势的品牌、载体作为支撑。

丰宁满族自治县位于河北省北部、承德市西部，是河北省6个坝上县之一、32个环京津县之一，13个环首都经济圈县之一；其在冷凉时差蔬菜、精品杂粮、奶牛、中草药、食用菌等产业发展方面具有明显优势。作为环首都现代农业科技示范带的重要组成部分，丰宁将在现代农业发展方面起到核心引领作用，推进农业科技园区提档升级，以产业集群为依托，进一步优化布局，建成一批特色鲜明的高水平的农业科技园区，形成科技示范带农业创新高地。

规划内容：

本项目位于丰宁满族自治县南部，林营村行政范围内，总占地面积为19641.58亩；所处地形特殊，位于两山之间。

依照园区的设计思路和功能定位，按照"以现代科技、循环农业为抓手，打造'智慧农园、农业迪士尼'"的发展路线，将核心区域总体打造成"京北农业硅谷、北方农业特色产业种植示范园区、北方种质资源展示示范基地、国家振兴乡村发展示范样板、循环农业示范样板、精准扶贫展示样板"。

规划的目标：①打造科技创新平台和科技金融、科技培训、信息化服务、农业科技企业孵化、合作交流展示等科技服务平台；②把园区建设成为立足丰宁、面向东北、西北与内蒙古的全国农业科技研发、人才培训、交流展示与创新创业基地；③建成一批具有引导、示范与带动作用的区域代表性的农业科技基地，培育和孵化一批具有国际竞争力的科技型农业产业集群；④打造成集农业科技创新示范区、产业发展示范区、生态农业旅游示范区、新农村建设示范区"四区一体"的"省内领先、国内一流"的国家级农业科技园区。

2017年7月，院规划团队赴丰宁满族自治县考察

2017年11月，院规划团队赴丰宁满族自治县进行项目汇报

奋力担当脱贫攻坚的农科重任

按照"规划科学化、园区生态化、产业现代化、管理信息化"发展原则，充分考虑园区基础条件现状、丰宁产业基础、园区功能及景观美化效果，对各功能区进行合理布局，形成"一心、两轴、四区"的总体空间结构。"一心"：农业科技研发服务中心；"两轴"：现代农业展示轴、生态农业展示轴；"四区"：设施农业展示区、露地农业展示区、循环养殖示范区、生态林果示范区。

科技研发核心区（成果转化区）主要建设内容：①露地农业展示区：马铃薯高效生态标准化基地、秋冬茬高抗果蔬育苗基地、洋葱水肥一体化示范基地、叶菜全程机械化示范基地、传统优势杂粮营养强化提升种植基地、农业迪士尼、农业文化体验园、现代化中草药种植基地、循环水处理基地；②生态林果示范区：优质干果新品种引进与示范基地、优质林果新品种引进与示范基地、北京油鸡品种引进林下养殖基地；③设施农业展示区：农业科技研发总部、专家工作站、无土栽培科技示范基地、科技成果转化中心、星创天地、现代农业科普教育基地、设施蔬菜标准种植示范基地、设施水果标准种植示范基地、食用菌种植示范基地、苗木花卉培育基地、科技特派员成果转化基地、山地日光温室示范基地；④循环养殖示范区：标准化规模养殖试验基地、畜禽规模养殖废弃物无害化处理基地、循环农业试验基地、胚胎生物工程良种奶牛繁育项目、优质乳制品加工研究项目。

园区支撑配套项目：电子商务中心、商贸物流基地、农业科技企业总部、大学生农业科技创业园、平安高科菊苣产业示范基地、京北第一草原生态科技食品加工基地、缘天然乳业精深加工基地。

园区保障平台配套建设项目：基地信息管理工程、温室物联网信息系统、农业生态环境实时监测系统建设工程、农业生态环境智能调控系统建设工程、农业生产管理综合信息平台建设工程、农产品质量检测平台、特色农产品质量追溯体系建设工程、农业金融服务平台、农业科技人才培训平台。

规划总体布局图：

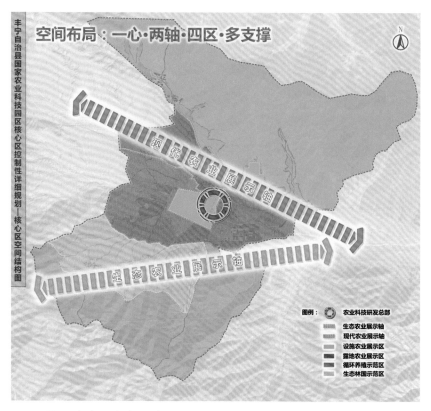

丰宁国家农业科技园核心区控制性详细规划总体布局图

奋力担当脱贫攻坚的农科重任

BAAFS

（三）赤城县农业产业发展总体规划（2017—2022年）

团队成员：

姜鹏、张斌、钟春艳、吴思齐、王源斌

规划背景：

2017年，河北省委一号文件提出：优化粮经饲三元种植结构、打造绿色优质农产品生产基地、实施农业品牌创建行动等措施，加快农业结构调整促增效。以环京津12个蔬菜大县为重点，大力发展高端设施蔬菜，吸引京津企业在河北省建立蔬菜保障基地。按照"一环四区一带"（环首都都市农业圈，山前平原高产农业区、山地高效特色农业区、坝上绿色生态产业区、黑龙港生态节水循环农业示范区，沿海高效渔业产业带）规划布局，划定和建设粮食生产功能区、重要农产品生产保护区、特色农产品优势区，打造绿色优质农产品生产基地，蔬菜、肉蛋奶北京市场占有率分别提高2个和5个百分点。

赤城县紧邻北京延庆区与张家口崇礼县，属于"一环四区一带"中的坝上绿色产业区。2022年北京冬奥会的成功申办，给赤城的产业转型和农业发展带来了前所未有的机遇。近几年来，赤城县抓住机遇，调整农业产业结构，大力发展蔬菜种植产业，全力打造北京绿色农副产品供应基地。同时，赤城县委县政府高度重视现代农业园区工作，积极引导农民发展现代农业，并联合海淀区农委，委托北京市农林科学院工程咨询中心编制《河北省张家口市赤城县农业产业发展规划（2017—2022年）》。

规划内容：

规划区域为整个赤城县域。

在对赤城县整体发展机遇、区位优势、地理地貌特征、农牧业、农村及产业资源、发展环境等状况分析的基础上，找出项目区农牧业发展的优势和不足。突出赤城县农牧业与所属地域特色，将赤城县拥有的自然环境与文化历史相联系。结合国家政策、精准扶贫背景与地域生态特点，提出项目区农牧业综合发展总体规划方案，具体包括：①编写规划的背景以及意义，并确定规划年限范围；②对项目区的自然条件、农业历史及人文资源进行详细的整理以及分析，将赤城的农业传承与核心竞争力相联系；③对赤城县的农牧业现状、发展潜力以及项目区情况进行整体分析；④简述规划的基本原则以及规划思路，总体定位及项目片区定位；⑤阐述空间布局和项目布局；⑥围绕一二三产业融合的发展定位以及农牧业的总体定位，进行重点工程项目设计，并依据项目布局，配合总体空间布局进行布点；⑦开展评估，明确实施进度安排以及运行保障机制。

▰ 2017年12月，院领导到赤城进行对接和实地调研

高效种植项目：良种繁育试验基地、花卉及中草药种植园、生态林果园、设施蔬菜示范区、林下种植示范区。

生态养殖工程：鹿养殖场、德青源赤城生态蛋鸡扶贫产业园建设、北京油鸡养殖园、羊标准化养殖项目、猪标准化养殖项目、牛标准化养殖项目、特色水产养殖示范基地。

休闲观光工程：天然园狩猎综合旅游项目、黑龙山国家森林公园生态旅游项目、海陀小镇旅游度假区项目、赤城县新雪国旅游度假区项目、龙关滑雪产业综合体项目、农耕文化园、采摘体验园。

精深加工项目：鲜切菜加工厂、肉类加工厂、水产加工厂、豆制品加工厂、蛋类加工厂、粉条加工厂、野菜加工厂、主食加工厂、点心加工厂、清真食品厂、屠宰厂、大通鹿药厂、矿泉水、中药材深加工项目。

支撑保障工程：物流基地、农产品交易中心、仓储中心、食品检测中心、新型职业农民培训学校、大创园综合孵化楼及附属楼、村级光伏电站项目、30兆瓦集中式光伏扶贫电站、赤城县城区路网升级改造及环境治理、100兆瓦风电场项目、农业综合服务云平台建设项目、农业生产管理综合信息平台建设项目、农业生态环境实时监测系统建设项目、农产品质量追溯体系建设、电子商务与农产品线上营销项目。

规划总体布局图：

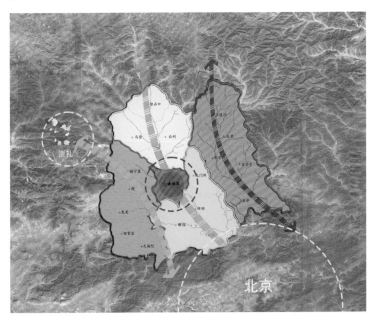

▶ 赤城县农业产业发展总体规划布局图

（四）云蒙山休闲农业产业发展总体规划（2017—2022年）

团队成员：

张斌、陈立光、智若宇、姜翠红

规划背景：

随着经济全球化和信息化步伐的进一步加快，人类在整体物质生活水平不断提高的情况下，精神需求也不断增加。在此前提下，休闲经济的发展成为社会发展的必然。植物香料产业的迅速崛起，香料植物和产品越来越受到人们的关注及市场青睐，植物香料产业将得以快速发展、壮大，香化环境、香化生活、香化身心的需求越来越强烈。天然香料、休闲农业与旅游业结合，融合游览、体验、休闲、度假、品尝、购物、教育等因素，以此为基础能够带动农业生产、农民收入、农村经济的快速发展。

易县作为京西百渡百里画廊、全域旅游示范区的关键谋划对象，其在休闲农业方面的发展引起了极大关注。政府部门意图以景区周边为重点，连片打造"狼山·易水·清西陵"美丽乡村示范带。其中，易县太平峪村地处清西陵周边，具有依托旅游发展休闲农业的优良地利，云蒙山、鬼谷道场、军事驻地等自然风光和历史遗迹更为该地提供了历史文化支撑。因此，保定聚成旅游开发有限公司决定在太平峪村开发休闲农业，一方面拓展当地农业发展空间，另一方面带动周边地区农民就业。

规划内容：

规划范围涉及河北保定市易县太平峪村西南，共计6 659亩。

充分利用趋于合理的优势休闲产业基础，建立产业功能空间分工协作机制，提高资源配置整体效应。根据太平峪村地形地貌特征、自然及人文资源分布状况，根据空间邻近性、整体性、系统性、有机性的空间组织原则，将规划区香料种植产业发展布局总体

BAAFS

奋力担当脱贫攻坚的农科重任

定位为"两心、一轴、四区"。"两心"：云蒙香谷、云居氧吧；"一轴"：特色风情景观轴；"四区"：香料花卉示范区、生态林果采摘区、濒危植物示范区、户外运动体验区。

香料植物种植示范区建设工程：玫瑰爱情谷、芳香花草种植、香树。芳香创意市集建设工程：芳香景观建设、观景台及神话故事广场、古今云蒙山园区文化展示点、水库、芳香文化博物馆、芳香加工体验和创意体验馆。生态林果采摘区建设工程：香果、香树。濒危植物保护区建设工程：森林氧吧、植物保护、园林苗木。香花种苗自主繁育建设工程：连栋温室、露地育苗区。互联网络与信息平台工程：管理决策平台、信息服务平台、系统整合平台、基于PDA/GPS的信息采集平台。基础设施支撑保障体系工程：农田水利建设工程、道路交通体系建设工程、给排水系统建设工程、服务设施建设、安全保障设施、标识与解说系统。

2017年3月，院规划团队赴河北省易县进行考察

BAAFS

规划总体布局图：

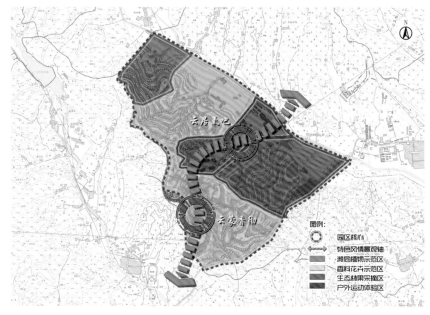

云蒙山休闲农业产业发展总体规划布局图

四、小结

为受援地区编制农业发展规划，既是对受援地区的一种智力支持，也为我院技术服务提供了新的思路与途径。我院的农业规划编制工作具有以下4个特点：①规划参编单位多。以我院农业工程咨询中心为牵头单位，全院16个所（中心）都参与了规划的编制。专业领域涉及工程咨询、农业信息化、作物栽培与育种、植物营养与资源、植物保护、畜禽养殖、果树栽培、设施农业、食用菌栽培及农业生态环境等。②规划涉及地域范围广。自开展对口援助工作以来，我院先后承担了各受援地区农业产业相关规划16项，规划范围涉及6个省、一个兵团、一个林区。包括新疆自治区和田市、和田县、墨玉县、洛浦县、昆玉市及兵团十四师所在区域；西藏自治区尼木县；河南省邓州市的14个镇10个乡；湖北省神农架林区的6个镇2个乡；河北省承德市丰宁满族自治县，张家口市赤城县，保定

BAAFS

奋力担当脱贫攻坚的农科重任

市易县；内蒙古自治区察右前旗。③规划类型多。既有总体规划，又有控制性详细规划，还有规划设计方案；既有区域农业发展规划，又有科技园区、农业示范基地规划和现代高新农业区的发展规划。④规划涉及产业类型多。既有农业，还有休闲旅游业、农产品加工业、工业制造业等。

我院根据"因地制宜、保护当地特色、扩宽空间、服务百姓"的开发思路，从受援地区的自然、历史、地理、社会发展等条件的细致调研出发，在与受援地区充分沟通的基础上，组织全院不同专业领域的专家，精心设计，编制规划，提出当地农牧业及相关产业的发展思路，优化农业及相关产业布局，以规划引领和指导当地特色产业的优化升级和绿色发展，为其他援助工作夯实基础。

奋力担当脱贫攻坚的农科重任
——北京市农林科学院对口援助工作巡礼

第三部分

发挥优势　实施科技精准援助

一、打出技术推广的"组合拳"

（一）品种引进与推广

1.抗寒优质牧草引进

我院草业中心研发团队为西藏当雄县当曲卡镇引进了燕麦草、披碱草、无芒雀麦和箭筈豌豆4种抗寒优质牧草品种11个，并完成品种比较试验。当年春播领袖燕麦、梦龙燕麦和莫妮卡燕麦品种，在刈割收获时草地群落覆盖度达86%以上，株高60 cm以上，收获干草产量448.10～670.41 kg/亩，可作为适合当雄地区引种的抗寒优质牧草品种。

2.芦笋品种引进

我院玉米中心在新疆和田地区引进国内外芦笋新品种15个，选育出2个适合当地种植的芦笋品种京绿芦1号和Grande，并初步摸索出了适宜该地区的芦笋高产栽培技术。通过项目实施，带动了新疆和田县、洛浦县的试种，面积达到100余亩。

3.杂交小麦品种引进

2011年以来，北京杂交小麦工程技术研究中心在新疆墨玉县现代农业示范区、和田地区良种场、于田县种子站等引进20个杂交小麦品种和12个常规小麦品种进行试种，筛选出适合和田推广应用的小麦品种4个。其中，杂交小麦京麦3668、京麦6号较当地主栽品种新冬20和石4185平均增产25.4%，最高增产达52.6%；节水条件下，杂交小麦京麦7号较当地品种增产33.2%，亩增产90 kg。

4.蔬菜品种引进

我院蔬菜中心在新疆和田地区加强了成熟品种的推广力度，如小型西瓜、樱桃番茄、辣椒、彩色甜椒、黄秋葵等，完成推广面积100余亩，并新引进蔬菜品种30余个。同时，根据墨玉县土壤和

BAAFS

奋力担当脱贫攻坚的农科重任

气候条件，引进番茄、辣椒、西瓜、特种蔬菜等6大类75个蔬菜品种。进行了引进材料的试种、评价，筛选出适合墨玉县种植的特色作物5个品种。对特色作物的种植茬口和栽培技术进行研究，总结出适合墨玉县种植的紫马铃薯、紫甘薯和生菜的栽培技术规范。建立了优良特色作物品种中心示范园区，品种示范面积50亩。对所在地的维吾尔族农民300余人进行了授课和现场技术培训，发放技术资料500余份。解决了菜农的一些技术问题，得到了当地的肯定，提高了墨玉县特色种植业水平。

蔬菜中心在河北省滦平尚亚蔬菜农民专业合作社、兴春和种植有限公司，开展抗病、优质蔬菜新品种引进示范，包括国福系列甜辣椒品种，京茄黑骏、黑宝等茄子品种，仙客、硬粉系列番茄品种，京研108、北京402、京研迷你系列等黄瓜品种。从2016年1月开始，向涞水县绿舵基地提供了多个高产、抗病的新品种，包括番茄：京香502、京香101、京香402、京香102、仙客8号等；茄子：京茄6号、京茄20号、京茄32号、京茄黑龙王、黑骏等；尖椒：国福308；圆椒：国福113等；西瓜：京秀、京阑、京玲等；甜瓜：京玉4号、京玉357、京玉流星、京玉黄流星等；特菜：羽衣甘蓝、京羽1号、京羽2号、京冠系列、绿满园、叶芥、红甜菜、黄甜菜、紫生菜等。

5.核桃品种引进

我院林果院从2013年起，在新疆和田建立核桃良种引种区试园50亩，引入薄壳香、香玲、辽宁7号、B110等核桃良种和优系63个。2014年陆续结果，通过坚果品质分析和生长结果表现观测，初选出适宜当地气候的优质丰产优系15个，有的品种表现出色；预计再经过2~3年的区试，可以筛选出适宜和田发展的优良品种3~5个，为和田乃至新疆地区核桃产业发展提供有力的科技支撑。

6.杏品种引进

内蒙古准格尔旗有杏林面积78万亩，但鲜食杏开发不足，欠缺优质品种，制约着产业效益的进一步提升。2017年以来，我院林果院杏研究室与高原露有限公司合作，为该地区提供优良鲜食杏新品种20余个，在当地建立示范基地200亩。通过项目实施，将形成地方标志产品，拉动全旗杏产业增收、第三产业的发展并实现产业的精准扶贫。

▶ 林果院王玉柱研究员指导杏树嫁接

（二）栽培技术推广应用

1.封闭式循环槽培生态栽培系统新技术示范和推广

我院蔬菜中心于2015—2016年在新疆生产建设兵团农一师14团、农六师、农九师种植基地开展了封闭式循环槽培生态栽培系统新技术的示范和推广工作。示范地区以沙漠、盐碱滩等为主，在3处种植基地累积示范推广超过27 000 m²，主要进行了番茄、黄瓜、辣椒等作物的种植和技术的指导。2017年在3处种植基地累积示范推广达到50 000 m²，下一步还将进行安心韭菜等新技术的示范和推广工作。

2.果树新品种和配套栽培技术推广应用

（1）草莓新品种和配套栽培技术推广应用。2017—2018年，我院林果院草莓研究室利用"北京市草莓工程技术研究中心"这个平台，在新疆和田地区开展了草莓新品种和配套栽培技术推广应用工作。试验通过使用椰糠进行基质栽培，有效降低了土壤酸碱度，处理后的灌溉水EC值显著降低，能够满足草莓栽培的基本需求。2017年和田国家农业科技园先导区发展草莓种植10亩，主要种植京藏香、白雪公主等自育品种，当年平均亩产2 000 kg；观光采摘100元/kg，商超销售30元/kg，实现产值80万元。2008年至今，草莓研究室为河北省怀来县北辛堡镇老君庄园果蔬种植专业合作社提供了草莓种植技术支持，种植甜查理、京藏香等200亩，年产值800万元。2015年以来，为河北省滦平县紫东种植专业合作社提供技术支持，合作社种植京藏香、书香、京桃香、红袖添香、白雪公主等优新品种面积75亩，年产值750万元。

▼ 林果院张运涛研究员指导草莓栽培 ▼ 河北省滦平县种植的草莓品种——白雪公主

（2）葡萄新品种和配套栽培技术的推广应用。我院林果院葡萄研究室在和田国家农业科技园先导区，开展了葡萄新品种和配套栽培技术的推广应用工作。在前期调研、考察的基础上拟引进7个葡萄新品种、3种栽培模式、建立11个日光温室，目标是优质、高效、省工。2018年2月，空运7个新品种苗木入疆，遥控指导了整个栽植和定植过程；4月赴疆实地讲解了新品种特性，同时现场指导了3种温室葡萄栽培方式的架形，以及搭架、树形培养、水肥管理等栽植细节。7个新品种中有6个是本院的自育品种，1个美国的无核品种。

▼ 林果院徐海英研究员在新疆和田指导葡萄栽培

（3）杏与粮棉间作技术模式及综合配套技术。我院林果院杏研究室通过实施"公益性行业（农业）科研专项——南疆地区杏和粮棉间作技术研究"，对杏、核桃和粮棉间作技术模式下，果树树形结构优化及果树优质高效栽培关键技术进行了研究，在南疆地区建立杏与粮棉间作核心试验、示范区100亩。提出了杏与粮棉间作技术模式及综合配套技术，使核心试验、示范区杏单产超过1 200 kg/亩，为南疆高效农业产业发展提供了技术支撑。

3.农民专业合作社蔬菜技术示范

（1）河北滦平尚亚蔬菜农民专业合作社蔬菜技术指导。对基地韭菜生产中的韭蛆防治技术和无土栽培技术进行了指导和规划建议。通过新技术的示范，提升了园区品种的抗病性和商品性，提高了市场竞争力；通过技术指导使基地技术人员管理水平得到提升，栽培设施、设备的建设和规划更加合理。

（2）河北滦平县兴春和种植有限公司蔬菜技术指导。对基地的育苗技术以及栽培管理中的水肥管理技术进行了指导，对嫁接育苗技术和水肥一体化技术进行了应用指导。

（3）河北涞水县绿舵蔬菜销售农民专业合作社技术指导。以高效农业，科技示范，带动周边村及扶贫村、贫困户脱贫致富为办社宗旨。根据基地种植的作物类型和栽培模式，有针对性地进行了技术指导，特别是新型节水栽培技术、温室轻简省力化管理技术等进行了详细的指导和实地操作示范。每1～2周到基地进行一次技术指导，在育苗期、开花结果期、采收期等重要的茬口每周进行技术指导1～2次，以保证基地关键技术的有效实施。拟开展水培韭菜综合栽培技术试验示范，针对目前土壤栽培韭菜病虫害严重，特别是韭蛆防治困难等导致韭菜产品农药残留严重的问题，开展水培韭菜技术试验，并建立水培韭菜综合栽培技术体系。

BAAFS

奋力担当脱贫攻坚的农科重任

▧ 蔬菜中心刘明池研究员在涞平指导番茄生产

▧ 京津冀三院共建河北涞水绿色蔬菜示范基地

▧ 河北涞水绿色蔬菜示范基地现场观摩

（三）农产品高效、安全生产示范

1.食用菌虫害综合防控技术推广

2012年以来，我院植环所在北京郊区及河北承德、唐山、四川成都、湖北武汉、山东泰安等地，集成示范推广了"两网、一板、一灯、一缓冲"的食用菌虫害综合防控技术。该项技术在原设施大棚基础上进行改造，采用60目（孔径0.3 mm）的防虫网代替棚膜覆盖整个大棚，以两层遮阳网代替草帘覆盖在防虫网上，棚内悬挂黄板和杀虫灯，门口设置暗缓冲间，门窗均安装60目的防虫网。此技术可有效避免食用菌栽培期间菇蚊、菇蝇等害虫危害，避免施用杀虫剂，改善棚内通风和光照条件，有效降低夏季棚内温度，实现了平菇等食用菌的安全高效生产。从源头上保障了食用菌产品质量安全，提高了产品市场竞争力，亩均增收41%，并在现代农业产业技术体系管理平台和《科技日报》等媒体上进行了宣传报道。

▶ "两网、一板、一灯、一缓冲"食用菌虫害综合防控技术

▶ 植环所刘宇研究员进行食用菌安全生产培训

2.农产品物流保鲜库建设

2012年院蔬菜中心作为北京援助新疆重点农业项目"和田县农产品物流保鲜库建设"的"交钥匙"援建项目管理单位，最终完成了1 500吨冷藏库、500吨冷冻库项目建设任务，先后组织了多次制冷技术、物流配送中心管理和农产品保鲜技术培训。参加培训的人员，包括县乡农业技术员、企业的管理和技术人员，共70多人次，其中当地民族的管理和技术人员30人次。

项目建设地点位于和田县罕艾日克乡和田县经济新区内。项目占地12 000 m²，建筑总面积2 728.6 m²，保鲜库面积2 047.5 m²，包括气调保鲜库4间、预冷库1间、高温冷藏库8间、低温冷藏库2间；此外，还有2 750 m²道路及681.1 m²的办公场所、配电室等附属配套设施。

项目完成后，为和田地区农产品采后保鲜和加工原料贮藏提供了场所和技术支撑，促进了当地蔬菜、鲜食水果流通和农产品加工业的发展。项目建设及建成后组织开展的技术培训，充分发挥了援疆项目"交钥匙"工程的效果，受到当地政府、企业的好评，为援助项目的实施提供了示范作用和经验。

3.京津冀绿色桃生产示范基地建设

2016年9月3日，北京市农林科学院植环所，依托京津冀果蔬有害生物绿色防控联合实验室，联合河北省顺平县鱼台乡桃产业协会，在望蕊山庄生态园林有限公司共建了"京津冀绿色桃生产与营销联合示范基地"，并积极参加"京津冀绿色桃生产与营销联合示范基地技术对接座谈会"，植环所郭晓军书记和张帆研究员参加了本次座谈。近几年，该示范基地与植环所引进害虫实时监控及信息化技术服务体系，在改善果品品质、打造地方品牌、进行多种形式市场营销方面达成合作。针对当地8 000亩桃园开展了性迷向技术、天敌昆虫配套释放技术以及综合生态景观治理等技术服务工作。累计培训技术人员500名，建立永久观测点3个。区域内梨小食心虫控制效果提升了25%。

4.马铃薯安全生产示范基地建设

马铃薯生产基地位于河北省丰宁县鱼儿山镇，基地马铃薯面积5 000余亩。这里光照充足，热量适中，昼夜温差大，夏季凉爽，气候干燥，雨量偏少；土壤以砂壤土为主，良好的土壤和气候等自然环境为马铃薯生长提供了得天独厚的条件。我院通过与基地对接、沟通，了解到基地缺乏标准化生产体系，且因疮痂病影响了马铃薯的品质。因此与基地签署马铃薯安全生产技术规范与示范推广合作协议，通过加强马铃薯标准化生产、马铃薯病虫害防治，以及疮痂病防治技术示范推广等，加快基地马铃薯品质提升。

开展了基地土壤重金属等环境因子摸底检测工作，采集土壤样品19份，测定8种重金属（铜、锌、铅、镉、铬、镍、砷、汞）及土壤养分含量等指标。结果表明基地重金属元素含量的平均值均未超过土壤环境质量一级标准，属于无污染水平。并对马铃薯农药残留情况进行检测，采集马铃薯样品15份，对六六六、滴滴涕、联苯菊酯等26种农药残留进行测定。结果表明丰宁基地马铃薯农药残留水平较低，未使用高毒、违禁农药。

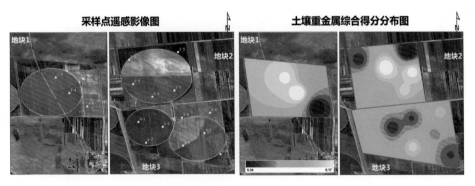

马铃薯安全生产基地土壤采样点遥感影像图　马铃薯安全生产基地土壤重金属综合得分分布图

围绕提高马铃薯标准化生产、质量控制和生产经营水平，在推进其品牌建设方面，开展了马铃薯种植生产相关标准宣介3次，专家实地指导生产2次；为基地撰写了马铃薯生产技术规程企业标准，制作并安装关于马铃薯生产技术规程及病虫害防治手段等相关技术的宣传展板8块，指导基地提高标准化管理水平，在科技引领和科技示范方面起到重要作用。

質标中心专家在河北丰宁农产品质量安全示范基地

質标中心专家在河北丰宁基地开展技术指导

5.奶牛繁育养殖技术示范推广

2017年在院双百对接项目资助下，畜牧所在位于河北丰宁满族自治县五道营乡三道营村的丰宁科技产业园内的信远牧业有限公司开展了技术示范推广、技术入场指导和技术培训工作。主要开展奶牛发情鉴定技术、奶牛性控冻精输精技术示范推广。目前，一次性引入200套阿菲金奶牛计步器发情鉴定系统，用于泌乳奶牛的发情鉴定监测，大大提高了奶牛的参配率和配种受胎率，减少了奶牛的胎间距。开展了性控精液在青年奶牛中的应用研究，通过种公牛精液检测、精液解冻条件筛选、输精细节优化等应用，使得输精后青年奶牛性控精液的受胎率为52%，性控率为98%。针对奶牛场繁殖管理以及繁殖技术要点开展专题培训2次，培训人数34人次；开展入场技术指导2次，主要开展奶牛繁殖障碍控制、输精技术、早期妊娠诊断技术指导。

▨ 畜牧所专家在河北丰宁信远牧业有限公司指导性控冻精输精技术　　▨ 畜牧所专家在河北丰宁信远牧业有限公司开展技术培训

（四）现代农业科技能力提升示范

1.崇礼县现代农业示范基地科技能力提升

根据河北省崇礼县气候条件及园区实际情况，我院在崇礼县对接基地崇河农业科技有限公司开展生态农业科技提升工作。结合有机水肥一体化装备与系统示范应用，积极开展设施有机水肥即有机蔬菜生产水分和养分的自动高效管理试验示范。在有机水肥一体化装备系统的管控下，基于营养液灌溉管控策略，根据作物的水分和养分需求特点、土壤含水率情况及气象条件等进行水肥的自动、精细化管理；优化相关的栽培技术，从而促进增产、提质和增收。同时，加强对技术骨干的培训指导，组织相关人员观摩学习，辐射带动周边地区有机农业水肥高效管理，推动崇礼县现代有机农业的发展。

针对传统有机蔬菜栽培水肥管理粗放、费工费时的问题，结合有机水肥一体化装备与综合管控系统的应用，示范有机蔬菜栽培的水分和养分的自动化、精细化管理技术和水肥管理的远程监控技术，有效提高水肥利用效率和劳动生产效率，促进有机蔬菜栽培实现节本、增产、提质和增收。

根据温室中土壤基本性状和栽培作物的水肥需求规律，优化基于目标作物的水肥管理决策指标参数，完善有机水肥一体化智能装备的综合管控系统和远程监控系统。

奋力担当脱贫攻坚的农科重任

温室智能化综合管理系统

在有机水肥一体化智能装备与综合管控系统应用下，示范基于作物生长、土壤含水率和光照强度的水肥管理策略，进行有机液肥自动灌溉管理。同时，以当地有机栽培传统的水肥管理方式为对照，进行有机液肥自动灌溉管理试验示范。制定生产记录表格，协调生产管理人员做好农事管理记录；记录灌溉量、灌溉频率等信息；监测作物长势，记录初花、初果和首次采收的时间，分析果实品质，统计产量、经济投入和收益；取样分析不同肥料的养分特征，拉秧时取土分析土壤养分情况，从作物生长、产量和品质，及养分利用、劳动成本、利润等角度对比分析基于有机水肥一体化装备的水肥自动管理的优势。与基地负责人一起，组织基地生产管理者、技术员和生产人员，针对有机水肥一体化智能装备和远程管控系统的使用进行系统培训；对水肥高效管理技术进行不定期指导；同时，不定期维护设备，指导相关人员使用装备，帮助他们掌握配套技术，提高设施蔬菜有机水肥一体化管理水平。

▶ 装备中心郭文忠研究员介绍水肥一体化技术

2.农业废弃物循环利用关键技术集成与示范

为落实中央京津冀一体化发展的战略决策，加快推进农业现代化、标准化建设，以高端科技农业、循环农业为龙头，探索科研机构与山区扶贫工作的合作，使我院的科技优势与山区土地、种养殖等资源优势相结合，生产优质、高效的农产品。河北滦平县兴春和种植有限公司与北京市农林科学院植物营养与资源研究所，于2016年签署了战略合作协议。项目以兴春和公司种养示范基地为核心，开展环区域农业种养废弃物区域内收集、储藏、运输、处理与应用等工程技术体系研究与集成示范，建立完善优化废弃物好氧和厌氧处理工程，生产优质有机肥料，培肥土壤，延长循环农业链条，开展试验示范；实现园区种植业、养殖业等高度融合与资源优化配置，为京津冀提供有机生态循环农业示范样板，辐射带动和推进京津冀农业一体化协同创新发展。

营资所与兴春和公司签署服务协议

项目在分析兴春和公司种植业、养殖业、种养关系及土壤气候特点的基础上，遵循“资源增效、循环利用、协调发展、运行高效、产业支撑”的原则，优化农业废弃物资源配置，研发集成种养废弃物处置利用关键技术；运用好氧发酵和厌氧发酵技术手段创新区域废弃物利用模式，探索运行保障机制，延长循环农业链条，实现循环链条的通畅，构建园区集约化条件下种养废弃物协同处置与高效利用工程技术体系；进行总体规划设计、关键循环节点技术提升、整体效益提升评估工作，推动京津冀现代生态循环农业一体化发展。在调研基地生产情况、废弃物产生情况及示范区土壤气候种植养殖特点的基础上，对园区种养业发展进行总体规划设计，关键循环节点技术提升、物流能流平衡计算，好氧发酵和厌氧发酵工程设计完善，制定生产工艺流程，利用沼渣、沼液、堆肥、生物有机肥进行土壤培肥和养分调控，优化循环农业链条，全面提高园区经济、生态和社会效益。针对沼气发酵排放的废弃物黏稠、量大、易堵塞等问题，利用离心式固液分离机实现沼渣、沼液分离，为资源化利用沼渣、沼液提供必要的前提条件。将分离后的沼液进行过滤，过滤后的沼液与水进行自动配比后，通过管道输送到园区的设施菜地，实现沼液的灌溉施肥；同时，沼渣作为有机肥在蔬菜定植前施用。进行了沼渣、沼液抗重茬技术研究与示范；通过研究并实施，设计建立农业有机废弃物好氧发酵工程1处，设计的发酵工程满足年生产固体有机肥15 000吨，其中10 000吨作为商品有机肥售出，5 000吨园区种植业施用。研制沼液滴灌施肥系统，建立沼液灌溉施肥工程1处，实现沼液在蔬菜园区的灌溉施肥，每年处理消纳沼液20 000 m³。制定主要蔬菜沼渣沼液资源化利用操作规程1套。在蔬菜园区共计示范推广有机肥、生物有机肥、沼渣、沼液资源化利用面积2 000亩；辐射带动京津冀农业废弃物资源化利用面积20 000亩。培训农业技术员50人次。

▼ 利用农业废弃物生产食用菌

▼ 利用农业废弃物制作食用菌培养料

通过项目相关研究内容与试验示范的开展，为京津冀生态涵养区农业有机废弃物的循环利用提供技术支撑，保障京津冀农业可持续绿色发展，避免因农业有机废弃物随意丢弃造成的环境污染。

BAAFS

奋力担当脱贫攻坚的农科重任

 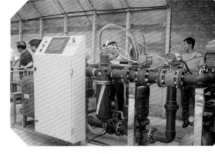

▶ 滦平兴春和公司生态养殖车间　　　▶ 沼液滴灌施肥系统

二、培训落实扶贫与扶志扶智相结合的要求

（一）现代畜牧业技术培训

1.和田现代畜牧业技术培训

为促进科技援疆工作的深入、加强和田地区三县一市与北京科技的交流合作、推进和田地区科技事业发展，北京市科委组织我院畜牧所的有关专家，于2013年7月15—18日，在洛浦县北京农业科技示范园区农业服务中心举办了"北京援疆项目—和田现代畜牧业技术培训班"。来自和田地区畜牧技术推广站、和田市及和田县兽医站、洛浦县及墨玉县畜牧兽医局等50余名畜牧技术骨干参加了培训。北京专家就羊的遗传繁育进展、和田羊产业现状及发展前景、现代家禽养殖技术、畜禽主要传染病防治技术等分别进行了专题培训。每次专题培训后都安排了交流和答疑时间，专家仔细聆听并解答学员在畜牧业实际生产中遇到的问题，并针对和田地区肉牛、肉羊产业发展、林下养鸡和畜禽主要传染病的防治提出了建议。培训还安排了实地观摩，授课专家和学员们参观了洛浦县北京10万亩生

态农业科技示范园及援疆项目基地，重点观摩了天鹅孵化、养殖等生产环节。北京专家与和田地区科技局、和田地区畜牧兽医局、和田县科技局、洛浦县科技局以及洛浦县北京农业科技示范园区等单位负责人进行了深入的探讨和交流，为北京援疆项目的进一步实施奠定了基础，对促进和田地区畜牧业发展产生了积极的影响。

畜牧所刘华贵研究员在新疆和田洛浦县做"现代家禽饲养技术"培训

新疆和田洛浦县开展"现代家禽饲养技术"培训

2.拉萨生态养殖技术培训

2016年6月28日至7月4日，我院畜牧所专家季海峰研究员、许晓玲副研究员和王海红副研究员，按照北京市组织部要求和西藏畜牧业发展需求，赴拉萨开展了生态养殖技术指导。专家们克服了高原反应、缺氧和旅途劳累等困难，连续深入到拉萨郊区的猪场、牛场和鸡场第一线，现场帮助农牧民解决饲料营养、繁殖改良和生态养殖等方面的技术问题，并就共性技术难题举办了专场报告会，受到当地政府和农牧民的好评。通过技术服务活动，开阔了当地农牧民眼界，提升了他们的养殖技术水平，增强了民族间的团结和友谊。

2015年8月27日，我院畜牧所油鸡中心主任刘华贵研究员应人力资源和社会保障部邀请参加了"专家服务基层拉萨行活动"，前往拉萨指导藏鸡育种和养殖技术。刘华贵研究员深入基层一线，前往拉萨市种鸡场、堆龙德庆县种鸡场、尼木县藏鸡林下养殖基地进行现场实地指导，同时有针对性地举办了3次技术讲座，对种鸡场的基础设施改进和育种方案制定提出了指导性意见，对商品鸡在光照制度、禽流感免疫等方面存在的问题提出了改进方案，受到当地管理部门及技术人员的热烈欢迎。

BAAFS

奋力担当脱贫攻坚的农科重任

畜牧所专家在西藏拉萨开展生态养殖技术指导

畜牧所季海峰研究员赴拉萨开展生态养殖技术指导

畜牧所专家在西藏拉萨实地考察养殖基地

畜牧所专家在西藏拉萨对牧民进行现场培训

2015年8月，畜牧所刘华贵研究员参加人社部组织的"专家服务基层拉萨行活动"

畜牧所刘华贵研究员在拉萨市进行藏鸡科学养殖技术讲座

（二）果蔬种植、保鲜技术培训

1.温室改土培肥番茄高产示范

2017年，我院林果所组织北京农林科技专家到新疆和田地区进行新型实用技术和成果示范推广，共组织北京专家20人次来和田讲课，培训维吾尔族种植户300人次。指导当地农民开展温室改土培肥番茄高产示范。设计完善了"专家+农户+公司+合作社"全托管企业化的运作模式，让农户在公司中当员工、在合作社中当股东，依托专家技术指导、公司集约化管理，充分调动农户的积极性。大规模推广沙漠高产高效节水种植技术，实现企业和农户的双赢及可持续发展。示范温室番茄平均亩产达到15 t，比当地农户传统种植模式产量提高了2倍以上，亩增收2万元以上。

2.果蔬保鲜及制冷设备技术咨询

2014年5—6月，我院蔬菜中心完成了新疆和田县农产品物流保鲜库建设项目的审计和绩效考核工作；7月，进行了和田地区农产品保鲜技术应用培训，参加人员有企业、乡镇技术员及种植专业户，共计30人次；8—9月，参与了新一轮援助和田地区农产品保鲜与加工项目的立项准备及农业标准化示范区内蔬菜加工配送中心建设的技术咨询工作。2015年，按照北京援疆和田指挥部的部署，在和田地区科技局的大力支持下，蔬菜中心于3月下旬对和田县农产品物流保鲜库管理技术人员和一线作业人员进行了果蔬保鲜技术、制冷设备使用与日常维护技术的培训；部分农业生产企业、乡镇技术员及种植专业户也参加了培训，共计40多人。5月上旬，参加了和田地区农业标准化示范区蔬菜加工配送中心建设座谈会。6月上旬，参与接待了和田县农业局来京参观的领导和技术管理人员。2016年1月下旬，蔬菜中心对和田县农产品物流保鲜库使用单位管理技术人员和一线作业人员进行了果蔬保鲜技术、制冷设备维护的培训，对和田县3个乡的30多名技术员及种植专业户进行了采后技术培训；9月下旬按照援疆培训项目的规定和对方承担项目单位的要求，对和田县农产品物流保鲜库单位管理技术人员和一线作业人员进行了果蔬采后预冷技术及设备操作的培训，参加培训的人员有农业生产企业、乡镇技术员及种植专业户，共计50多人。

3.果树病虫害防治培训

2017年9月24—29日，我院植环所黄金宝副研究员与本院其他4位专家参加了由北京市农委组织的"北京专家赴十堰对口协作活动"，北京与会专家30多人，包括3位院士。在十堰市，与当地农业局、植保站、经管站等部门领导座谈并交流了农业发展与生态等问题。黄金宝副研究员介绍了石榴褐腐病和石榴干腐病的发生与防治。在作为南水北调源头的丹江口市，北京专家讲解和介绍了核桃黑斑病和魔芋软腐病的发生与防治，并发现当地杨树细菌性病害发生普遍和严重，专家们对此提出了防治建议。通过本次对接交流活动，受援单位与北京市专家建立了友好感情和交流平台，我院也与十堰市和丹江口市建立了更为密切的业务联系。

（三）食用菌生产、加工技术培训

1.拉萨食用菌生产技术培训

2016年6月29日至7月3日，植环所刘宇研究员赴西藏参加由北京市委组织部人才工作处组织的"首都专家拉萨行"暨"拉萨市百名专家下基层服务活动"，会上被聘为拉萨市专家服务团成员。刘宇研究员作为此次同行的13名首都专家拉萨行代表做了发言，表示要紧紧围绕拉萨农牧经济发展的科技需求，借助援藏工作平台，将农牧业最新品种及技术等科技成果引至西藏。同当地相关部门紧密合作，建立产学研结合的科技创新与成果转化基地、科技人才培养基地，推动农牧业园区快速发展，带动农牧民增收致富。6月30日至

BAAFS

奋力担当脱贫攻坚的农科重任

7月1日，深入堆龙岗德林及洋达农业园区食用菌生产基地、西藏泽西生物科技有限公司、达孜邦堆食用菌生产基地，开展技术服务与现场技术培训，并为拉萨市净土健康食用菌产业科研工作站揭牌。7月2—3日，在拉萨市科技局与当地食用菌基地负责人进行技术需求对接，并为基地人员进行技术培训，会上刘宇被聘为拉萨市净土健康食（药）用菌产业科研工作站专家。此次活动受到拉萨市科技局和食用菌基地的热烈欢迎。

▮ 2016年6月，植环所刘宇研究员参加"首都专家拉萨行暨拉萨市百名专家下基层"服务活动

▮ 2016年6月，植环所刘宇研究员现场进行技术培训

2.亚洲食用菌生产技术培训

2015年6月21日，植环所王守现副研究员先后参加了在河北承德举办的"农业部帮扶片区县脱贫工作座谈会"和"亚洲区域食用菌标准化生产及深加工技术培训班"，并在培训班上做了"工厂化真姬菇废料栽培淡褐奥德蘑等食用菌配套技术"的培训报告。本培训班属于农业部对外援助项目，蒙古、柬埔寨、泰国、印度尼西亚、缅甸、马来西亚等多个国家的17名官员及学者参加。

2015年6月，植环所王守现副研究员参加亚洲区域食用菌培训班并作报告

2015年6月，植环所王守现副研究员参加农业部帮扶片区县脱贫工作座谈会

3.赤峰市食用菌生产技术培训

2016年5月14—17日，应科技部农村中心和内蒙古赤峰市科技局等部门的邀请，植环所刘宇研究员参加了"科技列车赤峰行暨2016年内蒙古自治区科技活动周"活动；深入赤峰市宁城县甸子镇滑菇和香菇生产基地，围绕食用菌品种选用、栽培及深加工技术研发应用、病虫害防治及安全生产、品牌建设等方面，对96名菇农进行培训，同时与菇农进行了互动交流。培训后跟随菇农深入生产基地，对菌棒腐烂现象进行诊断，提出相应的防治技术措施。本次活动受到了当地政府与菇农的热烈欢迎，并获得全国科技周组委会和科技部政策法规司颁发的纪念证书。

2016年5月，植环所刘宇研究员参加"科技列车赤峰行暨2016年内蒙古自治区科技活动周"活动

4.承德市食用菌生产技术培训

为落实京津冀一体化发展战略，推动科技成果快速转化，2017年11月6日，植环所王守现副研究员在河北丰宁，参加了北京科技特派员食用菌工作站举办的培训班，并做了"食用菌安全生产及栽培新品种新技术"的培训报告。该培训班有来自丰宁食用菌产业相关83名人员参加。2017年8月5—6日，植环所食用菌研究室一行5人在王守现副所长和刘宇研究员的带领下，赴河北承德平泉和丰宁开展食用菌技术咨询与合作对接。一行人先后深入平泉市利达食用菌专业合作社等4个基地和丰宁众鑫农业有限公司了解食用菌主栽品种、栽培模式、采后保鲜、分级销售等产业现状，现场对食用菌生产进行技术指导；并召开座谈会交流研讨了制约食用菌产业发展存在的关键技术问题，就食用菌菌种提纯复壮及保藏、优良品种选育、菌种繁育等方面达成合作意向。本次活动对落实京津冀食用菌产业联盟倡议书，解决共性关键技术问题，实现"产学研用"相结合，促进京津冀食用菌产业协同创新和优化升级起到积极推动作用。

2017年8月，植环所食用菌团队在河北丰宁进行技术指导

2017年8月，植环所王守现、刘宇在河北承德平泉和丰宁食用菌生产企业进行座谈

（四）水产健康养殖技术培训

1.京津冀水产健康养殖技术培训

2017年11月1日，组织召开了京津冀水产健康养殖技术培训班。围绕京津冀罗非鱼产业现状、养殖前景、养殖的前瞻性技术和关键技术、基于水生态保护的水生态环境与综合养殖技术等举办了讲座，培训人数81人。

2.硬头鳟苗种养殖技术培训

2017年4月，水产所专家袁丁、杨贵强、王占全赴承德市丰宁县西水湾渔业有限公司，进行了硬头鳟苗种养殖技术指导和该阶段疾病防治的培训。根据该渔场的苗种试验养殖情况和当地季节水温回升情况，课题组在7月底收集50尾硬头鳟鱼种的形态学数据，指导当地冷水鱼的繁育与生产；同时，针对养殖过程中部分苗种出现的背部黑点情况，提出了采用2%氯化钠原池静水消毒的相关措施，并进行了现场示范和培训。此外，还建议渔场更换水源为纯井水，对苗种投喂八成饱，对鱼苗进行定期镜检，尤其是雨后要及时镜检。此次的示范培训和有针对性的指导，促进了承德地区冷水鱼养殖产业朝标准化和规范化的方向发展。

◤ 2017年4月，水产所专家在承德市丰宁县西水湾渔业有限公司指导生产

BAAFS

奋力担当脱贫攻坚的农科重任

3.罗非鱼池塘高产养殖示范

2017年，水产所扶持河北省唐县4个养殖户进行罗非鱼池塘高产养殖，对养殖户进行养殖技术培训和实地指导；提供优质鱼种，帮助养殖户监测水质并教授水质管理技术；由雄安新区示范县负责人提供日常管理咨询，协助其销售成鱼。养殖面积20亩，亩均增收1000元以上。

（五）信息技术、电子商务培训

1.拉萨市农牧业电子商务培训

2017年7月10至12日，我院信息与经济研究所举办了为期3天的"拉萨市农牧业龙头企业和农牧民专业合作社电子商务培训班"，共有30名拉萨市农牧企业与合作社负责人参加。我院6名专家为拉萨市农牧业龙头企业、农牧民专业合作社及其他经营主体负责人，从电子商务产业发展趋势与农村电子商务解析、网店开店流程、新媒体运营实务、农业产业设计及经营管理等方面，培养他们"互联网+"的思维模式，提升了电子商务应用能力，为拉萨农业发展起到了良好的助推作用。

▼ 2017年7月，拉萨市农牧业电子商务培训班开班仪式

2.拉萨市农牧业"互联网+"培训

9月15至29日，由信息所和拉萨农牧局在京共同举办了拉萨市农牧产业"互联网+"进修班，共有24位学员参加了为期15天的培训。专家为学员讲授"互联网+"现代农业理论与实践、物联网在农业领域中的应用、农产品质量追溯系统、电子商务的商业模式以及新媒体运营等理论知识，并进行实操。这些培训进一步提升了拉萨市农牧业龙头企业和农牧民专业合作社负责人的"互联网+"应用能力和水平。

奋力担当脱贫攻坚的农科重任

▼ 2017年9月，拉萨市农牧产业"互联网+"进修班结业仪式

三、科技合作共谋区域农业发展大计

（一）京津冀农业科技创新联盟

京津冀农业科技创新联盟（简称联盟）在京津冀协同发展国家战略指引下，立足服务京津冀现代农业发展需求，积极发挥京津冀三地农科院和大学的区域农业科技创新主体的作用，结合北京农业科技创新资源丰富、河北省承接先进农业技术转移潜力巨大的优势，围绕农业新技术和新成果引试、农业科技成果及产品的示范与应用等方面，与石家庄、张家口、承德等河北省多地开展卓有成效的科技合作，为加快推进河北农业供给侧结构性改革，促进现代农业产业培育、绿色发展和转型升级提供了强有力的科技支撑。

1.双母蛋鸽饲养模式关键技术应用示范

在河北顺平县智农家禽养殖农民专业合作社，开展了双母蛋鸽饲养模式关键技术的应用示范。开展了包括生产种鸽性别鉴定、种鸽新城疫免疫程序、毛滴虫和新城疫抗体检测预防、乳头式自动饮水技术、蛋鸽滚蛋笼和集蛋槽等技术的应用示范，与传统蛋鸽生产模式相比，产蛋率提高了7%，生产成本降低了32%。

2.精品蔬菜安全生产与供应科技攻关与示范

在京津冀三地蔬菜主产区，示范新品种和综合农艺节水、膜下暗灌、信息素黄板等新技术；在保定、承德、张家口等地大面积推广新品种8个；针对茄子等蔬菜土传病害严重的问题，推广应用嫁接育苗技术5 000亩；建立了封闭式无机基质槽培系统，对其水肥管理模式和节水节肥情况进行优化，实现比滴灌节水37%以上，从生产1 kg番茄需要36～40 L水减少到了21.9 L水。

3.农业废弃物资源化利用科技攻关与技术创新集成

在承德地区，进行集约化养殖种植废弃物的好氧发酵、面源和重金属污染防治等方面的科技攻关，有力地促进了京津冀农业废弃物资源化利用科技攻关与技术创新集成工作；与河北承德兴春和农业公司合作，建立沼液滴灌工程1套，覆盖面积200亩，年消纳沼液3 000 m³；与河北丰宁首正肥业有限公司合作，建成以牛粪为原料的有机肥厂1座，并实现稳定运行，年产有机肥20 000吨。

（二）京张地区新型肥料与水肥一体化科技合作

为响应京津冀一体化战略，促进河北省张家口冷凉地区蔬菜产业优质安全生产与技术水平提升，增强北京市农林科学院水肥一体化技术辐射能力，2015—2018年，北京市农林科学院植物营养与资源研究所养分管理研究室已经连续4年在张家口市沽源县开展新型水溶肥料与滴灌技术示范与辐射带动工作。工作中与当地农业部门、生产单位和合作社建立了紧密的联系，共同验证了水肥一体化技术在当地的应用效果；针对实际生产问题，已完成生菜水肥一体化技术应用模式、马铃薯全程养分综合管理技术模式的大面积示范工作。目前正在开展蔬菜基地现代农业技术改造与提质增效示范工作，为提升当地农业技术水平提供了重要的技术支撑，受到当地认可。

1.项目背景

河北坝上地区是马铃薯和蔬菜规模化生产的典型代表，保证其高效率、低污染、可持续生产是一项重要的任务。沽源县农作物播种面积约120万亩，但当地生产人员水肥知识缺乏，生产粗放，技术落后。沽源县地处坝上农牧交错带，水土资源既是当地赖以生存发展的基础，也是迫切需要保护的重要生态资源。当地灌溉用水以地下水为主，经过多年的开采，地下水位下降严重，有的已经超过100 m深，迫切需要发展精准灌溉技术。土壤连年耕作，也存在不同程度的退化、盐碱化以及有机质降低等问题，十分需要可持续的养分综合管理技术。北京市蔬菜生产功能逐步与生态休闲功能融

BAAFS

奋力担当脱贫攻坚的农科重任

合，河北作为北京重要的蔬菜供应地区，任务艰巨。蔬菜盲目生产是导致地下水位下降、面源污染和土壤质量下降的重要原因，替代资源高消耗的粗放生产模式，优化当地水、土、人力等资源条件，推进技术模式创新，提高生产效率、减少污染风险，将有助于当地蔬菜和马铃薯产业绿色发展。北京市农林科学院植物营养与资源研究所在新型水溶肥料、缓控释肥料、新型液体水溶肥料、水肥一体化技术、高效节水抗逆等技术上积累了多年的科研成果，形成了一系列的产品和配套技术，可以为当地的农业绿色发展提供技术支持。

2.项目内容和相关技术

（1）针对当地蔬菜生产肥料投入过量、配比不合理，产品选择不当等实际问题，以露地生菜为对象，开展固体水溶性专用肥料配方的研发与应用技术示范。通过与当地合作社合作，推动当地蔬菜科学施肥水平的提升。主要开展的技术有水溶大量元素专用肥料配方，滴灌施肥水肥一体化应用技术，产品品质改善以及环境影响评价等。

（2）针对当地马铃薯生产面积大、土壤退化、基肥氮肥过量、追肥配比不合理等实际问题，依据马铃薯的生长规律，块茎产量构成规律，研发马铃薯专用炭基复合肥；开展全程养分管理技术示范；与肥料生产企业和当地种植大户合作，开展大面积技术示范工作，推动马铃薯种植施肥水平提升。主要开展的技术，包括基于生物炭材料的专用缓释复合肥料配方、配套水溶肥料应用技术、全程套餐肥料与综合管理技术。

（3）针对专用高档生菜品质提升、水肥精准控制等精品菜种植技术的迫切需求，开展精准水肥一体化技术应用及产品配套技术研究与示范。沽源当地蔬菜生产已经出现供应过量的问题，普通蔬菜很难卖上高价，有的甚至低价处理，难以保证农户的经济收益；而且这种现象逐年加重，发展优质蔬菜、精品蔬菜，改变当地蔬菜种植结构，实现提质增效变得非常迫切。从2018年开始，营资所与专门供应麦当劳蔬菜的北京裕农优质农产品公司合作，以裕农公司在沽源的蔬菜基地为试验基地，开展精品菜水肥一体化精准供应技术试验示范，开展新型全水溶液体肥专用肥料的配方研发与示范；基于前期的设施生菜的研究，依据露地生菜品质与产量形成的规律，以及水分供应与品质形成的规律，开展精准水氮供应与中微量元素配套技术的示范。

奋力担当脱贫攻坚的农科重任

3.项目成果

（1）针对沽源露地生菜不合理施肥的问题，完成固体水溶性肥料配方2个，以及基于生菜养分吸收规律的水肥一体化技术1项，实现增产10%以上（表1），并与当地蔬菜专业合作社合作，进行了技术的示范和推广，为合作社的生菜养分管理提供了指导和技术支撑。

表1   示范生菜产量品质

处理	单株质量/kg	产量/(kg/亩)	维生素C/(mg/100 g)	硝酸盐/(mg/kg)
习惯施肥	0.866a	3 466	5.47a	2 556a
水溶肥料	0.981b	3 924	7.54b	1 851b

▼ 2015年，营资所专家进行生菜测产与土壤剖面硝态氮监测

▼ 生菜示范用液体水溶肥

（2）基于马铃薯生产特点，形成马铃薯全程养分综合管理技术1项。底肥采用添加生物炭的专用复合肥料，追肥采用全水溶性固体肥料。以产品为核心，推动肥料企业规模化生产，由北京大化肥业有限公司放大生产；通过种植大户试验示范，在沽源县辛新营乡和二道渠乡进行大面积示范，最终推广面积达到3 000亩，施用炭基肥料120吨，水溶性肥料17吨。采用马铃薯全程养分管理技术显著增加了结薯率，每亩增产30%以上（表2）。在当地召开现场观摩会，为推动当地马铃薯高效施肥提供了技术引导和支撑。

表2　马铃薯示范产量

处理	总产量/（kg/亩）	经济产量/（kg/亩）	平均单薯质量/g	大薯率>300 g	中薯率100~300 g	小薯率<100 g
常规施肥	3 707	3 346	179	37.88%	52.39%	9.73%
专用炭基肥+水溶肥	5 101	4 548	174	39.74%	49.44%	10.82%
增产	37 %	36%				

▨　营资所杨俊刚副研究员与当地人员进行技术交流

▼ 营资所邹国元研究员与种植大户进行技术交流和指导

▼ 营资所专家进行马铃薯收获采样

（3）针对沽源县蔬菜产业发展问题，以提质增效为目标，开展生菜高品质精准水肥管理技术试验与示范。沽源县的蔬菜和马铃薯产业经过多年的快速发展，规模效应已经形成，但由于蔬菜产品结构单一、重产量轻品质的粗放发展，目前已经出现了农产品供过于求的问题，投入高，结果却卖不上高价，甚至还要赔本贱卖，严重挫伤了种植者的积极性。为此，营资所建立了以当地农业部门、大学、知名企业和本所为核心的协作平台，以高品质生菜种植和水肥综合管理技术为主要工作内容，目前正在开展相关试验示范研究。为了更好地开展工作，特邀请给麦当劳供应生菜的北京市裕农农产品公司、位于张家口市的河北省北方学院的教授，以及大型化肥企业露西化肥公司和我们一起来开展生菜提质增效的试验示范工作。目前在位于沽源县新民村占地1 600余亩的裕农基地开展试验示范，该基地常年生产生菜，运用新型液体肥水肥一体化精准供应综合技术，将为蔬菜提质增效提供技术支持并起到辐射带动周边的作用。

（4）构建"企业+大学+农业部门+研究所"的工作模式。不仅有技术专家，还有生产和销售的专业人才，为推动蔬菜产业可持续发展提供原动力。

（三）北京—十堰中华大樱桃贮藏保鲜技术合作研究

我院林果院采后研究室对湖北十堰市中华大樱桃的资源、栽培及采后流通情况进行了初步调研。针对当地存在的问题，研究室与该地区农科院开展了相关的技术援助工作。与十堰农科院合作开展了中华大樱桃贮藏保鲜技术研究项目，共同成立中华大樱桃保鲜技术攻关研发团队，开展了果实发育过程品质变化、果实采后贮藏特性、果实物流保鲜技术等研究和应用，推进了十堰市中华大樱桃的产业化、商品化，提高了当地中华大樱桃的附加值。

1. 十堰地区中华大樱桃产业现状

2017年4月，我院林果院采后研究室王宝刚主任对十堰市中华大樱桃的资源、生产栽培及采后流通情况进行了初步调研。

▼ 中华大樱桃

▼ 林果院王宝刚研究员现场指导中华大樱桃采收

▼ 林果院王宝刚研究员现场指导采样

BAAFS

奋力担当脱贫攻坚的农科重任

（1）十堰市中华大樱桃栽培面积约10万亩。中华大樱桃资源主要分为黄樱桃和红樱桃两种，主要分布在郧县、房县等地。该地区樱桃种植方式传统，基本是散户种植经营方式。

（2）中华大樱桃以乔化树为主。近年来，在个别合作社的带领下，开始发展矮化树种植方式。在栽培管理技术方面没有统一的标准操作规程，也无成套的标准化技术，主要的问题是李实蜂、果蝇等虫害严重。

（3）采后流通方式比较原始。基础设施严重缺乏，没有用于冷链流通的冷库、预冷库等基础设施；采收技术手段比较传统，物流保鲜技术严重缺乏。

2.支援方案制定及实施

针对当地存在的上述问题，研究室对该地区农科院开展了相关的技术援助工作。

（1）对十堰农科院加工所相关人员进行樱桃保鲜技术培训，并结合加工所实际条件，为其制定中华大樱桃物流保鲜技术方案。

2017年4月11日，与十堰农科院合作建立了技术研发团队，其中十堰农科院加工所4人，北京市农林科学院林果院2人。由我院林果院王宝刚研究员提出了2017年中华大樱桃贮运保鲜技术攻关方案，并安排十堰农科院进行了必要的设施设备及试剂耗材的购买及准备工作。

（2）对十堰农科院技术人员进行了樱桃采后物流保鲜各技术环节的现场操作培训。

2017年4月26日，王宝刚研究员及李文生副研究员为当地技术人员进行了樱桃采收、物流包装、预冷、果实品质检测等方面的现场操作培训。

▼ 林果院王宝刚研究员现场指导中华大樱桃采收和包装

▼ 林果院王宝刚研究员与十堰市农科院专家开展技术交流

（3）组织召开工作总结会。2017年9月22日，北京市农林科学院程贤禄副院长、成果转化与推广处秦向阳处长听取了十堰农科院加工所就对口协作项目的工作总结。程院长对双方的协作给予了充分肯定，并对技术研究存在的问题和发展方向提出了指导性建议。

3.实施现状及效果

通过授课及现场培训方式，为十堰农科院加工所培养了从事保鲜技术研究的人员3～5名，构建了科研技术平台；为加工所技术人员制定了樱桃保鲜技术方案，并协助构建了所需的硬件和设备设施条件；为当地技术人员进行了樱桃贮藏和物流保鲜实验现场操作培训；初步明确了樱桃物流中保鲜的关键技术，制定了樱桃走出汉江的技术方案。目前，通过项目实施，十堰樱桃已经进入武汉市场，销售前景可观。

四、专家对接让农科成果遍撒他乡

（一）精准服务——专家一对一

2016年以来，我院与河北省农林科学院及张家口市、承德市、保定市相关单位合作，开展专家与新型经营主体的直接对接。目前已有13位专家与基地实现了一对一精准对接。其中双百对接基地，签订3年服务协议，由责任专家组织服务团队开展精准服务。我院给予每个基地每年5万元经费支持，连续支持3年（表3）。

（二）团队服务——专家工作站

除专家"一对一"精准对接外，我院2018年在康保和张北建立了4个专家工作站，以组团方式服务当地特色产业。专家工作站依托当地企业（基地），由首席专家组织服务团队，与基地签订3年服务协议，我院给以工作站每年10万元支持，连续3年，依托企业（基地）按1：1以上配套（表4）。

五、小结

在对口援助工作中，我院探索了技术推广、技术培训、科技合作、专家对接等多元化的科技援助方式。针对受援地区农牧业产业的特点，开展相应的技术及设备的创新、研究开发和应用，将先进的技术设备向受援地区转化落地，实现我院的技术优势与当地的科技需求精准高效对接。

一是将我院的优新品种和先进实用技术在受援地区进行推广，

提升当地农业科技水平，推动当地农业绿色发展和转型升级。引进了抗寒优质牧草、芦笋、杂交小麦、蔬菜、核桃、杏、蔬菜等优新品种及其配套栽培技术；研发、示范、推广了适于当地的生态循环农业技术；开展了农产品高效、安全生产示范，以及现代农业示范基地科技能力提升等科技推广工作。

二是针对受援地区的农业科技需求开展技术培训，为当地农业的可持续发展提供人才支撑。我院先后在新疆和田、西藏拉萨、青海玉树、河南南阳、湖北十堰及恩施巴东、内蒙古赤峰及通辽、河北张家口市及承德市等多个市县区进行了技术培训指导及相关科技合作，进行技术培训几十次，培训相关人员数千人次；内容涉及畜牧业养殖、农业种植、农产品加工保鲜、农业信息化等多个方面；培训方式多样化，培训效果显著。引进牧草、粮食作物（主要是玉米、小麦）、蔬菜（番茄、辣椒、特色蔬菜等）、果树（核桃、杏等）、花卉（菊花、百合等）等多个适于当地种植的新优品种；引进、示范、推广了当地所需的畜、禽、水产高效、健康养殖的设施、设备与配套技术，推广相关农产品生产的先进技术及加工工艺，优化特色农牧业产业发展；与滦平尚亚蔬菜农民合作社、张北坝上蔬菜试验农场和丰宁荣达农业有限公司等多个当地农业科技园区、农民合作社、龙头企业进行合作，共同示范推广新技术，帮助受援地区农牧业新型经营主体发展壮大。

三是与受援地区开展科技合作，解决当地农业发展中的突出难题。依托京津冀农业科技创新联盟，开展了双母蛋鸽饲养模式关键技术应用示范、精品蔬菜安全生产与供应科技攻关与示范、农业废弃物资源化利用科技攻关与技术创新集成；针对节水与减肥问题，与张家口地区合作开展了新型肥料与水肥一体化科技合作；针对中华大樱桃不耐储运的问题，与十堰农科院合作开展了中华大樱桃贮藏保鲜技术研究。

四是创新专家服务模式，开展了一对一的精准服务和组团集智的团队服务。为提升河北省对口帮扶地区新型农业经营主体的科技水平，选派13名专家对接13个基地，开展一对一的精准服务；在康保和张北建立了4个专家工作站，以组团集智的方式服务当地特色产业。我院对每个基地和工作站分别给予每年5万元、10万元的经费支持，连续支持3年。

表3 双百对接对口帮扶河北基地情况

姓名	单位	职称	对接主体	对接地点	主要内容	合作形式	合作方	合作类别	对接年度
于峰	信息与经济所	副研究员	张家口市崇礼县众合蔬菜专业合作社	崇礼区西湾子镇上三道河村	张家口农业云平台推广	农委项目和对接基地	张家口市农牧局信息中心	双百对接基地	2016
郭文忠	信息中心	研究员	崇礼县张家口现代生态农业示范基地	崇礼区西湾子镇上三道河村	设施农业信息化	对接基地	河北省农科学院	双百对接基地	2016
刘华贵	畜牧所	研究员	崇礼区清三营乡朝阳村	崇礼区清三营乡朝阳村	北京油鸡	技术服务	河北省农林科学院	科技惠农项目	2016
			绿色田园禽业有限公司	崇礼区石嘴子乡后沙滩村	北京油鸡	技术服务	绿色田园禽业有限公司	科技惠农项目	2016
武占会	蔬菜中心	研究员	涞水设施蔬菜示范基地	保定市涞水县永阳镇西永阳村	设施农业	对接基地	河北省农林科学院	双百对接基地	2016
梁浩	蔬菜中心	助理研究员	崇礼区山亚湾科技生态园	崇礼区西湾子镇下三道河村	设施蔬菜	对接基地	崇礼区山亚湾农业科技生态园	双百对接基地	2017

108

续表

姓名	单位	职称	对接主体	对接地点	主要内容	合作形式	合作方	合作类别	对接年度
姜楠	质标中心	副研究员	丰宁县维你好农业开发有限公司	承德市丰宁县	农产品安全	对接基地	丰宁县科技局	双百对接基地	2017
许晓玲	畜牧所	副研究员	丰宁满族自治县信远牧业有限公司	承德市丰宁县	奶牛养殖	对接基地	丰宁县科技局	双百对接基地	2017
王守现	植环所	副研究员	承德市御今农业发展集团有限公司	承德市丰宁县	食用菌	对接基地	丰宁县科技局	双百对接基地	2017
尹俊玉	玉米中心	副研究员	河北唐县吉祥庄村	保定市唐县吉祥庄村	芦笋	对接基地		双百对接基地	2017
李蓥	信息中心	研究员	涿鹿果然爱生态农业专业合作社	河北省张家口市涿鹿	规划	对接基地		双百对接基地	2018
冯涛	畜牧所	副研究员	河北省丰宁满族自治县乐拓牧业有限公司	丰宁满族自治县小坝子乡槽碾沟村	畜牧	对接基地		双百对接基地	2018
张秀海	生物中心	副研究员	沽源县九林种植专业合作社	张家口市沽源县长梁乡大石砬村	花卉	对接基地		双百对接基地	2018
单达聪	畜牧所	副研究员	河北省悦然牧业有限公司	河北省保定市顺平县腰山镇田家合村	乳鸽	对接基地		双百对接基地	2018

BAAFS

第三部分　发挥优势　实施科技精准援助

109

表4　专家工作站建设情况

序号	项目名称	项目内容	承担单位	项目负责人	扶持金额（万元）
1	张家口叶类蔬菜专家工作站建设	以张家口市张北县蔬菜生产和张家口裕农食品有限公司技术需求为导向，以叶类蔬菜轻简化栽培为主题建立专家工作站，针对河北省张家口市张北县坝上生菜、娃娃菜、洋葱等叶菜类蔬菜产业中存在的问题，开展相关工作	蔬菜中心	武占会	10
2	坝上特色畜牧业专家工作站建设	对接乾信农业；首席专家（站长）与对接基地签3～5年协议，明确目标任务，建立首席专家负责制的工作机制；按照我院关于专家工作站的相关工作制度和管理办法，建立专家工作站，开展技术指导、技术服务、创业辅导、企业策划、技术培训、人才培养、新成果展示示范、检测测试、新产品研发等相关工作	畜牧所	刘彦	10
3	坝上特色农业专家工作站建设	对接品冠农业；首席专家（站长）与对接基地签3～5年协议，明确目标任务，建立首席专家负责制的工作机制；按照我院关于专家工作站的相关工作制度和管理办法，建立专家工作站，开展技术指导、技术服务、创业辅导、企业策划、技术培训、人才培养、新成果展示示范、检测测试、新产品研发等	蔬菜中心	陈春秀	10
4	坝上生态林业研培中心专家工作站建设	对接康保林木种植基地；首席专家（站长）与对接基地签3～5年协议，明确目标任务，建立首席专家负责制的工作机制；按照我院关于专家工作站的相关工作制度和管理办法，建立专家工作站，开展技术指导、技术服务、创业辅导、企业策划、技术培训、人才培养、新成果展示示范、检测测试、新产品研发等	林果院	鲁绍伟	10

奋力担当脱贫攻坚的农科重任
——北京市农林科学院对口援助工作巡礼

第四部分

聚集特色 推动产业转型升级

一、规划实施支撑受援地农业产业转型升级

（一）和田国家农业科技示范园先导区建设

2017年，受北京援疆指挥部委托，我院林果院同信息与经济所完成了《国家农业科技园区"先导区"规划设计方案》的编制工作。"新疆和田农业科技园区"自2013年获批建立以来，园区初步形成了总面积85万亩的"一园、双核、四区"的空间布局。

按照"一个种植项目、一个专业合作社（或企业）、一个专家团队"的总体原则，我院一大批新品种、新技术和专家团队已经入住园区并开展示范推广工作，不但丰富了当地品种类型，而且引入了全新的栽培技术和理念，有力地促进了当地农业发展。其中包括张运涛团队的精品草莓温室20栋，李海真团队的精品瓜菜温室5栋，张开春团队的樱桃温室20栋、樱桃新型冷棚12栋、陆地樱桃50亩，徐海英团队的鲜食香味葡萄温室20栋，赵昌平团队的杂交小麦高产示范50亩、园区外杂交小麦高产示范1 000亩，杂交小麦种子亲本繁殖100亩，成广雷、闫海鹏团队的高产优质青贮玉米品种展示示范15亩、鲜食玉米品种引进15亩，郭文忠团队的水肥一体化系统覆盖先导区的设施温室130栋。这些专家团队与入住企业结合，实现了技术、工程与项目的精准对接。

▼ 建设中的新疆和田国家农业科技园"先导区"

BAAFS

奋力担当脱贫攻坚的农科重任

新疆沙田公司将我院的改土培肥番茄种植技术引进园区，使番茄亩产量从原来的6吨提高到12～15吨，收入实现翻番。2017年先导区草莓种植比计划晚了1个半月，院草莓专家张运涛带领其团队来到项目地手把手地教种草莓，10万株草莓苗全部顺利栽种完毕，不但成活率高而且缓苗快、生长壮。引进的9个草莓品种都是具有我国自主知识产权的新品种，也是首次在和田地区引进并成功种植。从2018年2月，几个品种草莓陆续成熟采收，据估算，亩产可以达到1 500 kg，10栋日光温室总产量已经达到12 000 kg；还可以陆续采收50天左右，每亩比当地品种增产1倍以上。由于色香味俱

▸ 林果院援疆挂职干部张锐副研究员指导草莓生产　　▸ 设施草莓长势喜人　　▸ 丰收的草莓

▸ 先导区设施香瓜长势喜人　　▸ 先导区设施葡萄硕果累累

佳、品质优良，草莓采摘价格在60~80元/kg，比当地高出1倍；市场批发价格2530元/kg，市场零售价在25~30元/kg。设施草莓生产取得了显著的经济效益。

"新疆和田国家农业科技园先导区"是"新疆和田国家农业科技园"核心区中的核心，是整个农业园区中科技的引领点、推动和田地区农业结构转型的引擎、北京对口支援和田在农业科技方面的一个展示区和试验区，亦是反季节优质果品向北京等内地供应的基地。先导区的建设有利于和田地区调整优化农业结构和布局，促进本地区农业健康可持续发展。它的建立必将会成为和田农业现代化科技示范基地、农业科技成果转化基地和农村科技创新企业投资、农民就业、人才培养基地，对和田经济发展、社会稳定、农民持续增收都将起到带动作用。

（二）昆玉市、十四师现代农业产业升级

2016年以来，我院以规划为引领，加强与新疆兵团第十四师的全面合作。以昆玉市建市为契机，从顶层设计农业布局，助力搭建产城融合的示范基地，助推第十四师农业转型升级。

在市支援合作办及市援和指挥部的支持下，2016年5月，我院与兵团第十四师签署全面合作协议。双方商定以规划设计和战略咨询为引领，以特色林果、设施蔬菜、畜禽养殖、特色种植等领域为重点，从品种示范、技术推广、基地建设、人才培养等方面全面深化双方合作，充分发挥兵团"沙海老兵"精神和北京"创新开拓"精神，实现科技成果转化落地与当地产业转型发展的"双赢"，支撑昆玉市和十四师现代农业建设。

我院相关所（中心）针对100个设施农业示范基地的信息化、水肥一体化工程建设等项目实施落地，现为试运行阶段。通过项目实施，实现了园区的水肥一体化管理，提高了水分利用率40%以上、肥料利用率20%以上，每亩可减少用水200~300 m²，减少肥料

20%；同时，大大地降低了劳动力成本，得到兵团的高度认可，并在日前中共中央政治局常委、全国政协主席汪洋考察二二四团作为重点内容进行展示；另外，我院畜牧所承担了二二四团“5万羽肉鸽建设项目（一期）”的规划设计工作，协助引进先进新技术和新装备，培养专业技术人员5人。该项目的实施，每年可以实现产值1 000万元以上，为当地产业转型升级和满足当地人民生活需求提供了支撑。

2016—2017年，我院信息与经济所积极作为，将本所的智农宝电商平台和线下销售相结合，共销售224团核桃10吨、红枣12吨，既满足了北京市民对优质农产品的需求，也缓解了和田地区农产品销售难的问题，拓展了当地农产品销售渠道。

和田农业基地无土栽培设施设备安装验收现场

二、信息技术助力受援地农业产业科技提升

（一）新疆和田科技信息平台建设

1.和田市综合科技服务平台

在信息领域援疆方面，于2013年受北京市科委和新疆和田地区科技局委托，我院信息与经济所承担了"科技信息平台建设项目"。面向和田社会经济发展需求，整合信息资源，搭建了服务于全和田地区各县市的农、林、水、气象综合科技服务平台；并根据和田产业发展需求，为平台注入了农业科技信息资源数据库、农业科技视频教学片、农业知识科普动漫等资源，建立了信息服务应用分中心；通过平台与北京"12396"农业科技咨询服务热线实现了对接，发挥我院专家优势，解答和田地区农民生产问题。新疆天山以北的石河子、哈密、阿勒泰等地区农民都曾通过"12396"热线进行科技咨询，平台发挥出现代信息技术对于援疆建设的积极作用。

奋力担当脱贫攻坚的农科重任

▼ 新疆兵团第十四师昆玉市北京现代农业示范基地物联网项目

▶ 新疆兵团第十四师昆玉市北京现代农业示范基地物联网项目中控室

信息与经济所紧抓核心试验基地建设，以用户为中心，采用一个物联网平台，N个应用基地的管理模式，在张家口、承德、新疆兵团十四师昆玉市北京现代农业示范基地等地建设60多个物联网综合示范展示基地，采用物联网技术对温室大棚进行智能监测，实现农业生产中的各种环境因子监测和生产现场的实时视频监控。并根据智能决策进行报警和自动调控，实现对浇水、施肥、病虫害防治等活动的及时、精细操作，形成数据采集、智能传输、远程控制、智能分析相结合的物联网综合服务体系，从而提高农业生产和管理效率，节省人工成本，增加生产效益。

2.兵团纪实片拍摄及虚拟现实体验系统开发

信息与经济所发挥在科教科普多媒体资源建设方面的优势，针对新疆兵团的对外宣传和当地特色产业推广拍摄制作了纪实片，开发了虚拟现实体验系统。其中受新疆生产建设兵团第十四师委托拍摄的《情倾丝路 汗铸昆仑》纪录片，全景式展现了兵团第十四师的发展历程和在促进现代农业产业发展、维护当地安全稳定及加强地区生态建设方面做出的重大贡献，为兵团对外宣传提供了载体；为宣传当地红枣特色产业，量身打造了红枣科技产业虚拟现实体验系统，分为"兵团红枣情"VR动景体验和红枣文化产业园虚拟漫游两大体验模块；围绕红枣科技、产业和文化，实现了全视角沉浸式体验，在亦真亦幻的场景中，引导观众畅游红枣文化产业园，追溯红枣的起源，了解红枣在新疆地区的传播，感受和田地区得天独厚的自然优势，了解二二四团红枣发展的历程和非凡业绩，弘扬兵团人扎根边疆、艰苦奋斗的卓绝精神和钢铁意志，追溯历史，驻足现在，畅想未来。该系统已成为当地红枣博物馆的重要展项，受到参观者的关注和好评。

BAAFS

奋力担当脱贫攻坚的农科重任

▼ 红枣文化虚拟现实展示系统登录页面

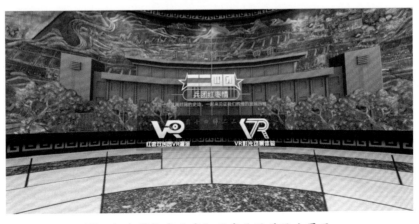

▼ 红枣科技产业虚拟现实体验系统主界面

（二）拉萨农产品追溯系统建设

为了在新形势下增强农产品质量安全的监管，实现产品可追溯，有效推进"拉萨净土"区域公用品牌推广与保护，我院信息中心为拉萨市净土产业投资开发有限公司开发了农产品追溯系统。通过加强检测监管工作，建立可追溯体系，提高农产品质量，确保农产品安全，增加农产品的附加值，将优质安全农产品推出去。

▶ 信息中心钱建平副研究员到基地开展技术指导

技术服务内容主要包括：①追溯编码设计：建立集生产主体、产品信息、生产日期、校验码为一体的追溯编码，制定了追溯条码编码规范，设计产品追溯标签；②生产管理系统开发：以地块为单元，全程采集产品生产过程信息，主要实现农资管理、地块管理、农事操作管理、统计分析等功能；并配置两台条码打印机，用于实现追溯标签的打印；③质量安全追溯平台构建：集成相关数据，实现了基于网站查询、手机条码扫描等方式的产品追溯；同时提供产地环境及优势产品展示、企业介绍、质量监控等功能。

2017年，完成追溯码及系统设计，生产过程管理、质量安全追溯平台开发及培训等任务。系统在拉萨尼木县净土产业投资开发有限公司得到应用，提高了藜麦、雪菊等农产品质量安全追溯能力，增强了市场竞争力，提高了市场占有份额，夯实了净土产品品牌，扩大了净土产品的宣传和推广力度。项目在净土公司的实施，起到很好的示范作用，促进拉萨市农产品质量安全追溯平台建立，为保障市民农产品消费安全提供支撑，得到了拉萨市尼木县领导的高度认可。

▼ 拉萨尼木县有机农产品追溯管理系统

	施肥编号	施用对象	地块	肥料名称	施用量	计量单位	施肥日期	基地
☐	22	芹菜	334	磷酸二铵		克（g）	2017-3-3	绿景（北蕙洲）
☐	21	大白菜	334	生物发酵肥	100	克（g）	2017-3-3	绿景（北蕙洲）
☐	20	芹菜	334	硝酸钠钙	23	克（g）	2017-3-3	绿景（北蕙洲）
☐	19	油菜	12	硝酸钠钙	2	克（g）	2017-3-3	绿景（北蕙洲）
☐	16	芹菜	1-1-12	生物发酵肥	15	克（g）	2017-3-3	绿景（北蕙洲）
☐	15	油菜	12	有机草木灰	fdsf	克（g）	2017-3-3	绿景（北蕙洲）
☐	2	生菜	1-1-12	氨基酸肥	10	毫升（ml）	2017-2-13	绿景（北蕙洲）
☐		大白菜	1-1-12	生物发酵肥	1	克（g）	2017-1-2	绿景（北蕙洲）

拉萨尼木县有机农产品追溯管理系统界面

（三）京冀全产业链信息服务

1.农产品供求、产销信息对接服务

为促进河北省张家口、承德地区农产品与首都市场的有效对接，我院信息与经济所主持完成了《京津冀协同发展背景下京冀农产品市场供需研究》课题，先后在河北省张家口、承德等8个市20个蔬菜主产大县蔬菜主产区开展调研，涉及各类生产主体200多个。通过问卷调查与访谈相结合的方法，获取农户、合作社、企业的蔬菜流通渠道情况，全面掌握了河北省蔬菜主栽品种、产量、生产分布情况及上市周期、技术水平、生产组织方式等重点信息；结合对北京市农产品批发市场的需求分析，提出调节市场供给，实现有效对接，促进张、承地区农产品进京，扩大市场规模的对策建议。以此为基础，注册"蔬菜产销信息监测与服务"微信公众号、微网站，开发"蔬菜产销信息监测信息管理系统"，面向当地蔬菜种植户全面推广使用，为调节市场供给，促进张、承两地蔬菜产业健康发展提供了科学的决策支持。

2017年成功举办"首届京张承品牌农产品对接会"，来自张家口和承德的50余家农产品生产企业参展，对接北京30家经销商和渠道商。对接会围绕建设京张承地区都市圈绿色、精品、特色菜篮子产品供给区、农业高新技术产业示范区、农产品物流中心区（三区）为目标，展示京张承三地的优质农产品品牌及企业，促进三地农产品产销对接，推动跨区域交流合作；为农业企业搭建研讨现代农业未来发展趋势的新平台。展会吸引了包括人民网、中国网、《北京日报》、腾讯视频、网易、千龙网、凤凰网等20多家主流媒体的相继报道。

　　为了提高张家口和承德的农产品市场占有率，利用智农宝农产品电子商务平台，以线上线下相结合的O2O模式，把互联网与体验店和体验基地对接，通过"线上展示推广、线下体验销售"的营销模式，结合直销、团购、预售等多种经营方式，扩展了张承地区农产品销售渠道和销售范围，并通过打造农产品的"优质优价"助推农产品的销售和增值。已为京津冀地区228家基地提供了线上展示销售服务，并在智农宝平台中开展"京张农业信息化合作"专题，提升了农产品的附加值。

▼　电商平台展示河北特色农产品

BAAFS

奋力担当脱贫攻坚的农科重任

首届京张承农产品对接会启动仪式

2.农业信息咨询、视频诊断答疑平台建设

信息与经济所依托"12396"热线，建立了集电话、网站、视频、QQ群、微信、APP等9大咨询通道于一体的信息服务体系，面向全国开展农业信息咨询服务。在服务过程中，秉承"求实、创新、惠农，树首都服务品牌；真诚、热情、贴心，用服务感动用户"的服务理念，形成了"两通四化"的农业信息服务"北京模式"，即资源融通、体系畅通、技术精准化、渠道多样化、管理标准化、服务品牌化。

以北京优势的农业科技信息资源和专家资源为基础，以高效便捷服务为导向，以标准化管理为保障，使"京科惠农"农业信息服务品牌逐步被用户所接受、所推崇。同时，通过多方位宣传推介，以微电影、网络媒体、纸质媒体、展会、下乡活动等方式大力宣传服务品牌，"京科惠农""12396"北京农科热线逐步走出科研院所，服务京郊农村，辐射带动全国。其中，京津冀咨询服务量位居全国前三甲，目前服务已经覆盖包括张家口、承德在内的京津冀23个农业区县，占全国咨询量的60%，有效解决了农民生产实际问题，用户反响热烈，并通过送锦旗等多种形式表示感谢。

在张家口、承德地区共建设50个双向视频咨询诊断系统终端服务点，完成专家直接咨询1 000人次，示范推广农产品质量安全关键技术和标准化生产技术20项、设施农业生产新技术20项，推广农业高效新品种20个。通过双向视频咨询诊断系统，把生产现场的农作物生长状况直观呈现给专家，与专家进行"面对面""零距离"的农技答疑，生产者在田间地头就能得到农业专家的实时指导，保障了专家能在第一时间解答生产者提出的疑难问题，使生产者直接受益，为科学种植提供了强有力的科技保障。

3.远程教育培训服务

与张家口市农业信息中心合作，在崇河农业开发有限公司建设了"京津冀农业远程教育示范基地"，为基地装配了现代远程教育智能TV系统。以智能TV机顶盒＋电视机的站点配置模式，在张家口和承德地区建设远程教育信息服务50个站点，每个站点配备1套软硬件设备，包括：智能TV机顶盒、遥控器、各类接线1套、128G的SD卡1个以及小音箱1个。远程教育服务站点技术标准是：基地具备ADSL宽带互联网上网条件，网速要求不低于2M；具备液晶电视，能够支持HDML高清视频接口。

利用智能TV机顶盒实现视频直播、视频点播、服务专区、互动专区和个性定制等功能。面向张家口农村地区开展包括农村实用技术人才培训、基层党员干部现代远程教育、科学普及培训、农业信息资讯提供等内容的农村专题培训，大幅度提高了农业新技术推广的辐射范围和便捷性、直观性、灵活性，促进新技术、新品种在农业中的推广应用，提高张承地区农民整体素质及农业技能，推动张家口地区社会主义新农村建设。

智能TV系统内容

京津冀农业远程教育示范基地牌

智能TV系统设备

三、特色品种推动受援地特色产业发展

（一）杂交小麦

1.邓州杂交小麦产业协作

南水北调一渠贯南北，北京和河南由此紧紧联系在一起，两地政府分别于2011年和2016年签署了《豫京战略合作框架协议》和《全面深化京豫合作战略协议》，在两个协议的指导下，2016年12月，北京市支援合作办从支持南水北调渠首地产业发展的角度出发，积极与河南省发改委、邓州市政府沟通协调，大力推动我院杂交小麦产业化基地落户邓州。

2017年3月8日，我院和邓州市政府签署了《农业科技合作框架协议》和《关于建设杂交小麦产业化基地的合作协议》，标志着我院和邓州市农业科技合作全面展开，并开始筹备建设邓州杂交小麦产业化基地。邓州杂交小麦产业化基地核心区，位于邓州市湍河办事处，项目预计总投资6900万元，包括种子加工中心、种子检测中心、科研办公中心及后勤服务中心等。总项目分两期实施，项目一期工程包括60亩种子加工检测中心和科研办公中心，370亩基因资源圃和育种站，1万亩杂交小麦种子生产示范区，预计到2018年12月可全部建成。预计3年内具备年产优质杂交小麦种子1500万kg的能力，为小麦粮食生产提供约200万亩的优质种子。2018年1月，杂交小麦产业化基地种子加工检测中心奠基开工，2018年5月，科研中心开工建设，受到新华网、《人民日报》《科技日报》《农民日报》和《河南日报》等多家国内媒体关注。

2017—2018年度建设的产业化种子生产示范基地包括湍河街道办事处的370亩育种基地、腰店镇3000育种中试基地以及孟楼镇3000亩和十林镇1000亩规模化杂交小麦种子生产基地，预计2018—2019年度规模化种子生产基地将达到15000亩，随着杂交小麦产业

奋力担当脱贫攻坚的农科重任

化发展的深入，种子生产基地规模不断扩大并加大杂交小麦全产业链贯通的步伐。

邓州杂交小麦产业化基地是京豫科技合作的重要成果，获得了南水北调对口协作项目、国家重点研发计划项目和国家小麦产业技术体系等资金支持。将以我国首创的二系杂交小麦技术为依托，主要开展杂交小麦育繁推一体化经营，打造国家级高标准种子生产基地和国际领先的杂交小麦商业化育种平台。

在产业化基地建设总体规划中，逐步形成围绕科研育种、生产加工、产业化推广、社会化服务和保障支持为一体的运行机制，随着我院和邓州市合作的深入，双方以杂交小麦产业化基地为平台，进一步开展多层次和多样化的农业科技合作，共同推进杂交小麦产业跨越式发展。

2.和田地区杂交小麦产业支援

小麦是和田地区最重要的粮食作物和饲料作物，年种植面积100余万亩，但主推品种仍为20世纪90年代选育的小麦品种，产量潜力提升空间有限，品种老化、新品种缺乏问题突出；加之和田当地核桃大面积种植，造成小麦林下种植单产水平低、生产稳定性差，急需引进适宜林果间作种植的耐阴、高产、节水型冬小麦新品种，加速品种更新换代，提升小麦生产水平。

和田地区具有得天独厚的光热资源，尤其适合小麦种子繁育。基于我院首创的二系杂交小麦应用技术体系，2013年以来，小麦中心在和田地区连续组织开展了杂交小麦种子繁殖试验。结果表明，京麦系列杂交小麦亲本在和田地区表现出较好的结实性，繁殖产量显著高于北京等传统优势区，且种子质量明显改善。经过连续2年试验，基本证实和田地区是京麦系列杂交小麦亲本繁育的适宜区域，有望打造成北京杂交小麦高端种业最具发展潜力的规模化亲本繁殖基地。

为促进新疆和田地区科技与产业发展，发挥现代种业高科技对经济社会全面发展的支撑和引领作用，自2011年以来，我院小麦中心承担了北京对口援疆科技项目——"墨玉县冬小麦新品种试验研究及良种繁育项目"。对口合作单位为墨玉县种子管理站、墨玉县科技局、和田地区种子站等。项目实施以来，先后开展品种比较、抗旱品种筛选、栽培调控、林下耐阴测试等试验22项次，测试品种43个；引进20个杂交小麦品种和12个常规小麦品种在墨玉县现代农业示范区、和田地区良种场、于田县种子站等进行试种，筛选出适合和田推广应用的小麦品种4个。其中，杂交小麦京麦3668、京麦6号较当地主栽品种新冬20和石4185平均增产25.4%，最高增产达52.6%；节水条件下，杂交小麦京麦7号较当地品种增产幅度33.2%，亩增产达90kg。

　　依托援疆平台，我院小麦中心积极推进和田小麦种业发展。2013年以来，与新疆金丰源种业有限公司、墨玉县玉农种苗科技开发有限公司合作，在和田等地对京麦7号等小麦品种进行产业化开发。建立小麦新品种原种繁育田200亩、杂交小麦亲本繁殖田100亩，在和田、喀什等区域拉动建立常规小麦良种繁殖田1000亩以上。据测算，基于前期广泛测试，京疆小麦产业合作快速发展，年推广小麦新品种3万亩以上，累计创造种业效益约300万元。

　　中国与巴基斯坦在杂交小麦领域合作历史悠久，效果显著。和田作为连通北京与伊斯兰堡陆路通道的必经之地，具有得天独厚的地理优势和特殊稳定的气候特点，尤其适合建立面向巴基斯坦及"一带一路"南亚、中亚区域的杂交小麦高端种业桥头堡。经过前期实践，北京杂交小麦中心已将和田定位为京麦系列光温敏型小麦雄性不育系最适宜繁殖区，届时和田将成为我国面向国际市场的杂交小麦亲本繁种区，引领和田小麦种业跃上新的发展层级。

BAAFS

奋力担当脱贫攻坚的农科重任

（二）北京油鸡

1.拉萨地区油鸡产业支援

为深入贯彻落实拉萨市委、市政府"精准脱贫"攻坚任务，充分发挥北京援藏的技术优势，经拉萨市农牧局北京援藏干部的积极协调，在我院畜牧所油鸡研究中心（以下简称油鸡中心）的大力支持下，决定于2017年为拉萨市农牧局提供北京油鸡雏鸡，用于"精准脱贫"工作。

2017年4月22—29日油鸡中心初芹博士、北京油鸡保种场副场长张小月，将4000羽北京油鸡雏鸡运送至拉萨市种鸡场，进行雏鸡的培育指导工作。同时，为了北京油鸡顺利进驻拉萨，确保我院畜牧所、拉萨市农牧局2017年对口支援精准脱贫工作顺利完成，油鸡中心根据拉萨实际情况，制定了北京油鸡饲养管理技术要点。初芹博士和张小月副场长也多次前往拉萨市种鸡场为相关养殖技术人员进行现场技术指导，对于不符合条件的设施设备和必需的器械耗材提出了整改意见和建议。

运抵拉萨的4000羽北京油鸡，在拉萨净土藏鸡养殖发展有限公司进行为期2个多月的饲养后，生长状态良好，死亡率较低。按照2017年初制定的油鸡扶贫方案，7月上旬，在拉萨市农牧局精准扶贫驻村工作队的协调下，将其中的250羽育成雏鸡及饲料500 kg，免费发放给拉萨市墨竹工卡县尼江乡邦达村5户贫困户。随着饲养方式的逐渐合理，养殖技术的不断熟练，北京油鸡在贫困户手中长势良好，农户试点养殖初见成效。目前，家禽养殖已逐渐受到更多农户欢迎，向村委会申请"鸡苗捐助"的农户不断增加。这批鸡苗全部为优质品种，并提前注射了进口疫苗，具有生长发育快、抗病能力强、成活率高、市场效益好等特点。通过发放北京油鸡来落实精准扶贫，是农牧业援藏的一次大胆尝试；通过合理统筹，有效实施，能够推动当地贫困户尽早脱贫，奔上致富"快车道"。同时，将4 000羽雏鸡中1 500羽用于保种，1 500羽已发放至尼木县相关家禽养殖合作社。这是北京油鸡第一次进驻到海拔3 700 m以上的高原地区。北京油鸡的顺利进藏，实现了北京油鸡养殖环境的新突破。

▼ 畜牧所专家指导藏鸡防疫

▼ 2017年6月，藏民困难户养殖的北京油鸡

▶ 畜牧所援助的尼木北京油鸡养殖基地　　▶ 畜牧所援助的尼木基地油鸡养殖情况

2.乌兰察布市油鸡产业帮扶

内蒙古自治区乌兰察布市距北京320 km，交通运输方便，年平均气温在0～18℃，蓝天白云、空气清新，非常适宜发展北京油鸡养殖。但是贫困户对实施标准化养殖的意义认识不足，科学养鸡饲养管理技术也相对落后。2012年8月，我院畜牧所与内蒙古丰业生态发展有限责任公司签署共建"北京油鸡养殖示范基地"的合作协议。

合作期间，油鸡中心专家围绕鸡舍建筑、养殖模式、饲养管理和疫病防治等制定了严格的技术方案，并多次到乌兰察布进行现场指导和培训；企业通过公司对接农户养殖北京油鸡脱贫，在当地起到了良好的示范和带动作用。随着京蒙精准扶贫合作工作的开展，北京油鸡成为京蒙精准扶贫合作工作的重要抓手。

2016—2017年，在京蒙对口支援项目的资助下，企业引进北京油鸡5万羽，带动368个贫困户稳定脱贫，户均增加收入8 000元。期间，科技人员对当地农户进行了统一技术培训，并多次深入农户家中为鸡舍改造、设备配置、饲养管理提供技术指导。基地生产的北京油鸡、北京油鸡蛋，被评为内蒙古自治区"名优特"农畜产品，并通过绿色食品认证。《北京日报》于2017年6月16日对此进行了报道——"北京油鸡"帮368个贫困户脱贫，察右前旗脱贫攻坚彰显北京科技力量。

▼ 内蒙古乌兰察布草地养殖的北京油鸡

▼ 畜牧所刘华贵研究员现场指导北京油鸡养殖技术

3.河北省油鸡产业援助

2013年，我院与张家口市绿色田园禽业科技有限公司合作，开始养殖北京油鸡。2016年与河北省农林科学院精准扶贫驻村工作组合作，共同在崇礼区清三营乡朝阳村开展了北京油鸡养殖带动农户脱贫工作，养殖效果良好，带动15户贫困户脱贫，每户增加收入5 000元。2017年与绿色田园公司签署共建北京油鸡扩繁基地合作协议，赠送父母代北京油鸡10 000套，绿色田园公司成为北京油鸡在河北地区的种鸡扩繁与推广基地。在康保县，与河北品冠食品有限公司合作共建北京油鸡养殖示范基地。2017年支援基地自动化散养设备10万元。在保定市易县，2016年7月与河北农业大学合作，赠送国家级贫困县——易县北京油鸡鸡苗4 000羽，由易县永合养鸡场统一育雏后发放到农户家中饲养，专家团队多次前往养殖基地进行了现场技术指导。2017年，我院与涞源县六旺川生态养殖有限公司合作共建优质鸡小型别墅网床养殖模式，并赠予价值10万元散养鸡的养殖设备。

BAAFS

奋力担当脱贫攻坚的农科重任

2016年6月，畜牧所刘华贵研究员在河北省崇礼区清三营乡朝阳村贫困户家中指导

畜牧所专家在张家口市康保县指导北京油鸡养殖

▶ 畜牧所油鸡专家与河北农业大学教授共同在易县开展扶贫工作

▶ 易县贫困户家中饲养的北京油鸡

▶ 涞源县优质鸡养殖示范基地

（三）食用菌

1.河南省西峡县食用菌产业协作

西峡县总面积3 454 km²，是河南省第二区域大县，也是全国食用菌生产大县。该县在地理位置、气候、资源、生态环境和栽培模式上，均有独到的优势。2016年西峡县香菇总产量达20万吨，产值20亿元，且为全国最大的集散中心；2015年出口创汇突破6.8亿美元，全县60%农民收入的60%以上来自这一产业。西峡现有收购加工企业100多家，其中年产值3 000万元以上企业31家，年实现税收3亿元以上，综合效益100亿元以上。从2008年西峡就开始推广香菇标准化栽培，目前标准化率达98%以上。

近年来，西峡积极推行食用菌（重点是香菇）产业升级的"西峡方案"，走前沿化科研、生态化栽培、标准化管理、科学化监管、多元化服务、品牌化经营、信息化提升、国际化发展之路。但在食用菌产业发展中存在着科研创新、研发能力较弱的问题，需加大与相关科研院所合作，构建食用菌科研平台。

西峡人民政府与我院科研人员在植环所开展合作交流座谈

2017年11月27日，河南省发改委地区经济处王斌处长，北京市支援合作办王志伟处长，西峡县委常委、副县长马俊等一行14人到我院进行农业科技合作交流，并参观了植环所食用菌研发团队科研平台。我院程贤禄副院长、成果转化与推广处秦向阳处长及植环所领导和相关科研人员参加了会议。秦向阳处长、植环所王守现副所长分别介绍了我院基本情况和植环所食用菌技术研发情况。西峡县委常委、常务副县长马俊同志介绍了西峡县食用菌产业发展情况。与会人员围绕西峡食用菌产业发展中存在的问题，重点针对食用菌新品种选育、食用菌深加工、病虫害防治等内容展开深入交流。双方一致同意，针对西峡县食用菌产业发展，积极引入农科院科技成果，进一步开展务实合作，实现共赢。

2018年3月12—13日，为落实市对口协作河南西峡县工作和我院与西峡县签订的院县农业科技合作协议，王之岭副院长一行6人赴河南省西峡县开展县域农业特色产业发展需求调研与科技帮扶工作；市支援合作办干部牛良，院成果转化与推广处、植环所、信息中心参加了调研工作。王之岭副院长介绍了我院基本情况，重点介绍了动植物育种、绿色环控技术、食用菌、农业信息化技术和农业智能装备技术方面的优势，并介绍了蔬菜中心西沙南沙用菜、奥运果蔬供应、设施农业等特色引领工作，对西峡县农业产业需求侧和院农业科技成果供给侧的对接进行了顶层规划。西峡县长周华锋对西峡县农业的自然资源禀赋、区位优势、发展现状、农产品特色等进行了详细介绍，提出了香菇、猕猴桃、中草药在传统发展阶段达到一定高度后遇到的瓶颈，包括香菇市场价格调控指导、猕猴桃冷链物流和可追溯体系建设、中草药种植结构优化和销售渠道拓展等，希望我院能够对西峡农林产业整体情况进行把脉，在技术上和装备上提升，与我院共同合作发展，帮助西峡更快更好发展。会后，我院信息中心和植环所分别与西峡县食用菌产业协会和食用菌办公室，就西峡食用菌科研中心建设和西峡香菇大数据平台建设进行了技术交流和细化讨论。从扩大菌种生产线、提升机械化程度、深层次挖掘食用菌产业综合价值、提升香菇市场信息采集与分析能力、建立香菇价格指数发布与市场行情预判系统等方面，进行了下一步工作思路梳理，达成了一系列合作共识。

2.河北省食用菌产业帮扶

河北省高度重视食用菌产业发展，把食用菌作为重要新兴产业和扶贫主导产业来抓，整合资金达15.2亿元，初步构建了"一带三区"产业布局，其中丰宁县就位于张承坝上高原错季产区。目前全国已经初步实现了"东菇西移"和品种调整，正处于区域布局和结构调整。丰宁食用菌要适应这种调整，实现可持续发展，除了扶贫政策外，还要分析资源、市场、产业，增强自我发展能力。科技成果转化恰逢其时，但是产业集中快速发展，将会进一步产生新品种驯化、菌种生产、栽培技术、投入添加品等方面科技创新的需求，也是新形势下对我们科研单位的要求。

BAAFS

奋力担当脱贫攻坚的农科重任

2017年，为贯彻落实京津冀一体化发展战略及中央精准扶贫战略，促进食用菌产业协同创新及优化升级，推动科技成果快速转化，我院植环所与承德市丰宁御今农业发展集团有限公司（以下简称御今农业）开展密切对接合作。从食用菌各级菌种生产、新品种引进、园区建设等方面进行技术支持，推动食用菌产业成为丰宁扶贫惠农的重要产业。3月，丰宁北京科技特派产业扶贫工作站正式挂牌成立。植环所将御今农业吸纳入首都食用菌产业科技创新服务联盟，并邀请园区10余名主要技术骨干参加了2017年11月25日在北京举办的京津冀食用菌学术技术交流会。在联盟各项活动中，加强企业与京津冀同行、科研院所的交流联系，为企业自身发展提供平台。同时，对企业目前栽培的平菇、香菇品种进行了系统评价，并根据企业需求提供了试验示范的香菇优良品种高温8号和0912的二级菌种500棒，可制作2万～3万出菇菌棒。为丰富基地栽培食用菌种类，试验示范了黄伞新品种及配套技术，提供了二级菌种1 200棒。2017年度植环所技术专家赴丰宁开展现场技术培训指导4次，累计指导技术骨干及菇农180余人次，不仅开展了食用菌繁育、标准化栽培及菌棒集约化生产等技术指导，还安排该基地的4位技术骨干到植环所进行了实操培训，包括食用菌组织分离、母种扩繁、原种扩繁等。工作站与御今农业针对实施食用菌新品种新技术试验示范签订了合作协议，并作为技术支撑单位共同申报了河北省环首都现代农业科技示范带及农业科技园区建设专项中的"御今农业食用菌产业创新服务平台建设项目"，合作开展了相关工作。合作期间，植环所食用菌专业人员对标准化园区建设提供了专业建议。2017年度以"科研单位＋企业＋农户"的组织模式，开展设施食用菌优新品种及配套技术试验示范，应用推广香菇优良品种2个，黄伞新品种2个，累计试验示范20亩，亩均新增经济效益1万元，带动贫困户110余户。

2018年植环所在该工作站的工作重点主要包括：①新品种引进

示范。御今农业是一个综合性农业园区，之前只栽培平菇和香菇，在2017年示范黄伞新品种的基础上，2018年将示范奥德蘑新品种与园区的其他食用菌、蔬菜、谷物等形成搭配，丰富其配送种类，增加经济效益。②继续筛选和选育适宜反季节栽培的香菇优良品种，重点针对丰宁当地气候和资源开发适宜品种。2018年御今农业改建的香菇菌棒标准化生产线开始启用，继续开展相关技术指导。③开展食用菌菌种繁育与质量控制技术指导，减少食用菌菌种繁育过程中出现的退化变异等问题。

▼　食用菌团队参加"河北省食用菌产业发展大会暨2017中国国际食用菌新产品新技术博览会"

（四）特色花卉

1.南阳市内乡县菊花产业协作

为了更好落实南水北调对口援助国家战略，推动河南省南阳市菊花、茶叶和色素万寿菊产业发展，提升南水北调水源保护地菊花、茶叶等饮品以及色素万寿菊的品味和档次，推进农业科研单位科技成果有效转化应用，实现科技研发与市场运营的紧密对接，

2015年4月，我院分别与南阳市天隆茶业科技有限公司、内乡县人民政府签订全面合作协议。

利用当地菊花资源，进行复壮纯化，培育成功优质茶菊品种——郦邑贡菊，并于2017年申请了新品种保护权。开发出绿色、高效、安全、优质的郦邑贡菊种苗组培复壮技术、育苗技术、栽培技术，建立了加工技术规程，并已经在内乡县广泛应用。

2015年，我院指导企业进行了郦邑贡菊和菊潭黄菊品牌注册，并在内乡县建立"北京市农林科学院菊科植物（内乡）博士工作站"。2016年，"郦邑贡菊"被评为河南省十大优质农产品。2017年，在南阳市天隆茶业科技有限公司建立了"北京市功能花卉工程技术研究中心河南分中心"。2018年，我院生物中心与南阳市天隆茶业科技有限公司合作正在筹建"郦邑贡菊研究院"。

2017年，南阳市天隆茶业科技有限公司种植郦邑贡菊500亩，销售额700万元；带动500多户家庭增收，解决1 500多名农民就业，直接带动农民增收400余万元，带领当地农民实现了增产创收。

▶ 郦邑贡菊被评为河南十大优秀品牌

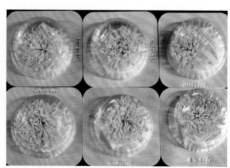

▶ 郦邑贡菊

2.张家口市沽源县食用百合产业帮扶

2017年5月，我院生物中心张秀海课题组在河北省张家口市沽源县长梁乡大石砬村，开展了食用百合种植试验的帮扶活动。

该帮扶活动由张秀海课题组无偿提供9个食用百合品种、170筐百合种球，在该村贫困户李建兵的10亩土地上进行了食用百合栽培露地种植和露地越冬试验。试验成果显示，河北省张家口市沽源县的气候、土壤非常适合种植食用百合；2018年3月底对越冬后百合种球进行检测，在沽源县露地越冬的百合种球完好，未出现任何冻害，并且百合种球的休眠状态保持良好。

通过对食用百合亩产量的测定，在每亩投入62.5 kg食用百合籽球的情况下，亩产量达到了360 kg。为了提高每亩土地的产出，2018年，张秀海课题组将在沽源县开展食用百合籽球高密度种植试验，将每亩百合籽种的投入由2017年的62.5 kg提高到200 kg，并进一步加强田间管理，预估每亩食用百合产量将在1 250～1 500 kg；虽然每亩籽球费用投入由3 000元上升到10 000元，但是每亩纯收益也将由2 600元上升到8 000～9 000元。

2017年10月中旬，沽源县大石砬村食用百合产量调查

2018年3月，生物中心专家调查沽源县大石砬村露地越冬后的食用百合种球

人力成本是大面积推广食用百合种植面临的难题。为了降低人力成本，张秀海课题组设计开发并委托农机生产厂家，制造出了食用百合机械化播种机。该套设备既提高了播种效率，同时显著性地降低了食用百合播种的人力成本。

通过对食用百合的大面积推广种植，将来不仅可以将沽源县打造成食用百合生产和繁育基地；同时由于食用百合兼具赏药食的特性，有利于沽源县改变农业种植结构，进一步提升河北省张家口市沽源县的旅游产业，进而推动当地农业向着一二三产业融合发展。

3.承德市围场满族蒙古族自治县玫瑰产业帮扶

为了更好落实京津冀协同发展国家战略，推动河北省承德市寒地玫瑰产业发展，提升寒地玫瑰种苗和产品品质，推进农业科研单位科技成果有效转化应用，实现科技研发与市场运营的紧密对接；2016年1月北京农业生物技术研究中心与围场满族蒙古族自治县溢香玫瑰种植专业合作社签订全面合作协议。

2016年在围场建立生物中心（承德）玫瑰新品种培育基地。完成了承德玫瑰基地典型地块土壤成分分析（包括纯砂质土、半砂质土、黄土）。对现有寒地玫瑰品种密刺玫瑰和黑枝玫瑰正在进行组培提纯复壮，建立其组培快繁技术。指导溢香玫瑰合作社种苗繁殖技术。指导企业开发了玫瑰茶、玫瑰饼、玫瑰酱等产品，进行了"喜顺记"品牌注册。2017年溢香玫瑰合作社种苗繁殖基地发展到2 000多亩，销售额400万元，带动100多户家庭增收，解决200多名农民就业。

（五）玉米

1.内蒙古通辽市玉米产业帮扶

自2012年以来，通过与中种国际、北京德农等6家企业实施科企合作，并与内蒙古通辽市老科协、通辽市农科院等开展广泛合作，在通辽市大面积示范推广自主创新选育的京科968等京科系列玉米新品种。2014年，与通辽老科协在通辽市联合创建了67个玉米新品种科技示范园区和科技推广园。京科968在生产中表现出了高产优质、抗病抗虫、耐干旱瘠薄、适应性强和抗逆性好等突出优势，推广面积快速增长，加快了通辽地区的玉米品种更新速度，2015年达990万亩，成为通辽市第一大玉米生产主导品种，实现了京科968替代郑单958的优良品种更新换代；2016年更是达到了创纪录的1 200多万亩，占通辽市玉米总面积80%左右；并作为粮饲通用型品种，成为通辽市青贮玉米生产的主导品种。为通辽市农业增产增效、节本增收，以及种植业和养殖业的健康、绿色、可持续发展发挥了重要的科技支撑作用。2016年，获得了通辽市政府的特别嘉奖。

2016年9月25—26日，院党委副书记喻京应邀出席了通辽市科技创新大会，并代表我院与通辽市政府签订了全面战略合作协议。双方在巩固一直以来良好合作成果的基础上，进一步完善合作机制，从科技合作、人才合作等方面深化和扩大合作。2017年，我院继续深化与通辽市老科协合作，不断推进和拓展院协合作的成果。我院免费提供玉米新品种种子4 350 kg。在通辽奈曼、开鲁等7个旗县创建了玉米新品种科技展示园60个、推广示范园60个，面积达2 000亩。提供的新品种有京科青贮516、MC812、MC278、MC703、京单38等。在展示园和示范园的带动下，京科968系列品种在通辽地区的推广种植面积进一步扩大。

经过5年的合作，我院京科系列玉米在通辽市的种植面积实现了由最初的几十万亩到如今1 000多万亩的跨越式发展，占通辽玉米种

BAAFS

奋力担当脱贫攻坚的农科重任

植面积的80%以上，成为当地名副其实的主导品种。我院与通辽市老科协的合作，也开创了院市合作的新模式，受到了通辽市委、市政府的高度赞赏。

　　2014年9月，玉米中心主任赵久然研究员在通辽市现场向农民介绍京科968品种特性

　　2014年12月，通辽市政府向我院赠送锦旗

　　玉米中心赵久然研究员在通辽市小农民科技园进行技术指导

　　玉米中心赵久然研究员在通辽市做粮改饲技术报告

2.张家口市玉米产业帮扶

　　2018年，依托与北京作物学会共同承担的"农民致富科技服务套餐配送工程助力精准扶贫"项目，我院对口帮扶河北省张家口市怀安县南刘家窑村，免费提供示范新品种及配套栽培技术指导。经前期考察及与河北省科协共同实地调研，确定安排适宜当地种植的玉米新品种MC278（100亩）和张杂谷13号（170亩）。联合北京顺

145

鑫农科种业科技有限公司和河北巡天农业科技有限公司，免费提供优良新品种及优质种子，并实地指导播种，做好技术指导和示范推广工作；后续通过现场讲课、田间指导、发放技术资料等多种方式为当地农民开展全方位的生产技术培训，持续提高当地农民的种植水平和科学素养，并辐射带动周边贫困地区推广种植，提高种植收益。此外，还帮助张家口农科院建立谷子DNA标准指纹库，对张家口万全县鲜食玉米种植及产业化进行技术指导。

BAAFS

奋力担当脱贫攻坚的农科重任

▼ 玉米中心向河北省怀安县赠送优良品种

（六）核桃

1.和田地区核桃产业支援

我院林果院作为良种和技术依托单位，2012年在和田建立了文玩麻核桃创意产业园100亩。引入了京艺1号、京艺2号、华艺1号等文玩麻核桃良种12个。2013年开始陆续结果，从结果情况来看，与北京、河北等产地的麻核桃相比，具有结果早、果个大、品质优等优点；此外，在内地常出现的白尖、花脸等问题在和田地区几乎不存在。和田玉天下闻名，而和田地区所产的麻核桃经过长期搓揉可产生似玉质的包浆，实现核桃养人、人养核桃，与玉有异曲同工之妙。文玩核桃创意产业园的建立，为和田拓宽核桃产业发展方向、开发旅游产品起到了良好的示范带动作用，对和田核桃产业乃至旅游业发展有良好的促进作用。

2013年，我院在和田建立核桃良种引种区试园50亩。引入薄壳香、京香1、京香2、京香3号、香玲、辽宁7号、B110等核桃良种和优系63个。2014年起，不同品种开始陆续结果。通过对试验品种和优系连续2年（2016、2017）的坚果品质分析和生长、结果特性观测，初选出适宜当地气候的优质丰产优系15个（表5）。有的品种表现出色，例如京香3号，平均单果质量17.1g，比原产地（北京）增加了4.5g；壳厚略有增加（从0.7mm增加到0.8mm），且没有原产地果壳发育不全导致的露仁现象；平均出仁率61.0%（原产地61.2%）。预计再经过2~3年的区域试验，可以筛选出适宜和田发展的优良品种3~5个，可以为和田乃至新疆地区核桃产业发展提供良种支撑。

表5　初选核桃优系坚果特性

编号	单果质量/g	壳厚/mm	出仁率/%	果形	壳面	综合得分
2号A19	13.07	0.79	55.52	圆	较光滑	90
6号A53	13.81	0.85	56.91	近圆	较光滑	90
10号A76	13.53	0.87	54.45	椭圆	光滑	90
13号B26	14.05	0.86	55.73	近圆	较光滑	90
17号B112	13.44	0.93	53.75	近圆	较光滑	90
18号香1	12.84	0.72	61.43	圆	较麻	90
19号BK	14.87	0.89	55.05	倒卵圆	较光滑	92
20号X2	12.52	1.04	56.07	圆	较麻	90
21号香3	17.13	0.75	60.98	近圆	较光滑	92
24号F3	14.16	0.75	63.85	椭圆	较光滑	90
27号YJP	14.34	0.98	57.07	卵圆	较麻	90
28号XH-1	13.67	0.96	51.35	椭圆	光滑	90
38号辽6	13.07	0.67	61.08	近方圆	较光滑	90
39号礼品2	12.75	0.61	61.44	近圆	光滑	90
45号大连50501	13.41	0.82	55.57	近钻石圆	光滑	90

▼ 林果院的京艺1号（左）和京艺7号（右）麻核桃坚果

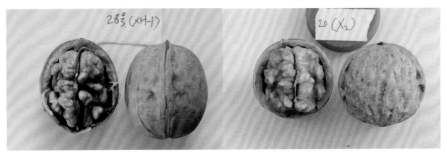

▼ 2017年核桃引种区试园部分优系坚果情况

2.南水北调库区核桃产业协作

在北京市对口支援办的协调推荐下，我院林果院院于2014年经过考察，选取河南（内乡、西峡和淅川）、湖北（竹山和神农架）5个县区作为项目实施地点，发展文玩核桃产业；共建立文玩麻核桃引种示范园6个，面积60亩，推广麻核桃良种10个。目前各基地树体长势良好，部分植株已开始结果。

▼ 文玩核桃在河南内乡试验园第3年生长情况

▼ 林果院郝艳宾研究员在河南内乡试验基地进行嫁接技术培训

▼ 林果院郝艳宾研究员在河南淅川试验基地进行技术培训

四、小结

我院通过规划项目实施、信息技术助力及特色品种引进等方式，对受援地区的农业转型升级、农业科技水平提升和特色产业发展提供了有力的科技支撑。

一是通过规划项目实施，支撑受援地农业产业转型升级。在和田国家农业科技园先导区建设的过程中注入了新品种、新技术，专家团队和企业结合，实现了技术、工程及项目的精准对接；在昆玉十四师现代农业产业升级过程中引进了水肥一体化设备，提高了肥水利用率。

二是依托信息技术，助力受援地农业产业科技提升。在和田各市县建立了农、林、水、气象综合服务平台，依托北京"12396"农业科技咨询服务热线，畅通农业科技咨询；为新疆生产建设兵团拍摄纪实片、开发虚拟现实体验系统，宣传当地特色产业；为拉萨开发农产品追溯系统，保障农产品供应链过程中的质量安全问题；开展京冀全产业链信息服务，通过微信公众号、"蔬菜产销信息监测信息管理系统"等平台，结合线下品牌宣传对接，实现供求信息对接，调节市场供给；依托"12396"热线建立咨询服务体系，通过双向视频咨询诊断系统，解决农民生产实际问题，实现专家面对面农技答疑。

三是引进特色品种，推动受援地特色产业发展。结合受援地区独特的区位地理优势，与当地农业科技园区、农民合作社及当地龙头产业共同合作，发展特色农业产业。其中，利用邓州、和田独特的地理位置和适宜的光温条件，引进我院首创的二系杂交小麦育种技术，并在邓州建设了我国最大的杂交小麦育种基地；为西藏、内蒙古和河北等地引进了北京地区特有的肉蛋兼用型地方鸡种——北京油鸡；为南阳市西峡县和河北引入了珍稀食用菌品种及配套技术；为南阳市内乡县、张家口沽源县、承德市围场分别引进了菊花、百合、玫瑰新品种及配套栽培技术；以我院具自主知识产权的京科系列玉米为主，为内蒙古和张家口地区玉米产业的发展提供了良种更新支持；为和田地区和南水北调库区引进麻核桃、薄壳核桃等，为当地核桃产业品种更新提供了支撑。通过特色品种的引进与发展，增产创收效果显著，有力地推动了当地特色产业的提质增效和可持续发展。

BAAFS

奋力担当脱贫攻坚的农科重任

智力援助　展现当代农科人风采

一、对口援助工作项目调研

（一）新形势下促进首都农业科技在受援地区辐射带动作用研究

1.调研背景

"十三五"是全面建设小康社会的最后一个5年，也是我国扶贫开发的关键时期，中央"精准扶贫"战略的提出为做好新时期的扶贫开发工作指明了方向。《中共中央国务院关于打赢脱贫攻坚战的决定》指出资金和项目要进一步向贫困地区倾斜，要提高扶贫方式实效性，由偏重"输血"向注重"造血"转变。中央扶贫开发工作会、东西部扶贫协作座谈会也强调要进一步做好东西部扶贫协作和对口支援工作，实现互利双赢、共同发展。

北京市自1994年对口援助拉萨以来，开展了援藏、援青、援巴、京蒙对口帮扶、南水北调对口协作等一系列对外援助工作，助力受援地区扶贫脱贫；然而受援地区大多地理位置偏远，虽具有资源禀赋的优势，但由于技术、人才、观念等的制约，农牧业生产水平仍较低，亟待通过科技支撑、依托当地资源优势，培育强化"造血"功能，促进现代农牧业的持续发展。在此背景下，本研究着眼于北京疏解非首都核心功能及精准扶贫的新形势，结合受援地区农牧业发展实际需求，探索研究如何充分利用首都的科技资源优势，将首都农业科技成果与受援地区需求结合，为受援地区现代农牧业发展提供强有力的支撑，助力受援地区精准扶贫脱贫。

2.调研内容

本研究在摸清受援地区农牧业发展现状及面临的困境基础上，从北京对口援助工作机制、成效、取得的经验及存在的问题方面，具体分析北京发挥科技优势，开展对口援助的实践；通过SWOT分

奋力担当脱贫攻坚的农科重任

析法，具体分析首都农业科技对口援助工作面临的新形势，制定应对的发展战略，并结合受援地区的科技需求提出完善首都农业科技对口援助工作的对策建议，为对口援助及其他地区扶贫工作提供借鉴。

3.调研过程

本研究得到了市支援合作办的经费支持以及北京市农林科学院领导的高度重视，成立了由院领导带队、骨干专家参加的专门调研小组，于2016年7—9月分别前往北京对口支援的青海（玉树）、西藏（拉萨）、内蒙古（乌兰察布、赤峰）、湖北（巴东、十堰）以及河南（南阳）五省（自治区）七个地区（表6）；采取机构访谈、实地考察两种形式对当地农业发展现状、对口支援现状展开调研。在受援地区精心组织和安排下，调研组顺利完成调研任务，以此实现"调研情况、发现需求、深化对接"，找出北京在援藏、援青、援巴、京蒙对口帮扶、南水北调对口协作工作中的成效、问题及科技需求，探索"十三五"对口支援工作新机制。

表6　调研行程统计

时间	地点	调研小组成员构成	考察地点
7.19—7.23	玉树	北京市农林科学院程贤禄副院长 信息与经济所孙素芬、龚晶、赵姜	称多县巴颜喀拉乳业公司、布拉乡合作社；治多县生态畜牧业合作社、嘉洛珠姆有限公司；玉树市种畜场、巴塘合作社、草饲场
7.26—7.27	乌兰察布	信息与经济所陈俊红、陈玛琳	内蒙古薯都凯达食品有限公司农产品深加工基地和院士基地、察哈尔右翼百川牧业、察哈尔右翼中旗万亩油菜基地

时间	地点	调研小组成员构成	考察地点
8.1—8.4	赤峰	北京市农林科学院孙宝启副院长、推广处时朝信息与经济所陈俊红、赵姜	赤峰农科院实验室、赤峰市农科院种子公司、饲料场、品质赤峰展厅、敖汉旗惠隆杂粮合作社、克什克腾旗可追溯羊基地、白音敖包可追溯肉羊基地、品质赤峰达里湖分中心
8.22—8.26	十堰	北京市农林科学院推广处黄杰信息与经济所龚晶、陈慈	十堰市农科院现代农业示范园、十堰梦萌实业有限公司、湖北神运大龙山科技发展有限公司、十堰宏阳生态养殖公司谭家湾生态农业示范区、湖北子胥湖集团生态新区开发有限公司、丹江口库区水资源、柑橘无公害绿色生产示范区、土城镇食用菌无公害生产示范基地、红塔镇玉米育种示范基地、核桃示范基地、十堰市果茶所珍稀苗木示范基地、茅箭区茅塔乡绿色防控有机茶生产基地
8.25—8.28	拉萨	北京市农林科学院推广处梁国栋信息与经济所孙素芬、陈俊红、陈玛琳	曲水县净土健康产业园、城关区奶牛养殖小区、白定特色园艺产业化科技示范园区、尼木县有机农业园、德青源藏鸡养殖基地
9.7—9.10	南阳	信息与经济所周中仁、陈玛琳、赵姜	内乡县浩林产业园、余关核桃生产基地、福瑞滋生物科技有限公司；西峡县丁河镇简村香菇标准化示范基地、猕猴桃生产基地、黄狮村猕猴桃生态示范园；淅川县蔬菜园区、仁和康源石榴扶贫产业基地
9.19—9.23	巴东	北京市农林科学院王金洛副院长、张峻峰处长信息与经济所龚晶、付蓉	东瀼口镇羊乳山茶叶基地、湖北金果茶业有限公司、兴山县高桥乡贺家坪村、巴东电商产业园

BAAFS

奋力担当脱贫攻坚的农科重任

▼ 2016年7月22日，课题组赴玉树市草原站巴塘打草站调研考察

▼ 2016年7月27日，课题组赴乌兰察布调研

▼ 2016年8月5日，孙宝启副院长带队课题组赴赤峰调研

2016年8月24日，课题组赴十堰市丹江口市柑橘无公害生产示范区考察调研

2016年8月28日，课题组赴拉萨尼木县藏香文化园调研

2016年9月20日，王金洛副院长带课题组考察巴东县茶叶合作社

▼ 课题组在南阳内乡县文玩核桃基地调研

4.调研结论

（1）加强顶层设计，促进科技资源有效对接。目前虽制定了对口支援相关规划，但仍缺少对受援地区农牧业发展的专项规划及专项资金，尤其是科技援助方面没有专门的规划方案，且项目仍以"输血"为主；因此，需根据中央要求和援建规划，按照年度计划与对口支援总体规划相衔接、与受援地区实际需求相协调的原则，发挥首都科技和特色资源优势，重点围绕"抓地方特色主导产业、抓地方科研院所、抓高端人才培训交流"三个方面，推动"对口支援"向"有效合作"转变，培育地方产业自我发展的内生动力；完善首都与受援地区农业科技合作机制，在科技援助规划、农业科技资源配置、农业科技合作、政策制定和重大农业科技项目布局上统筹协调，深化合作细则，提高援助工作效能；继续发挥对口支援资金和项目"撬动"作用，以提升当地承接科技受众群体接受能力为目标，积极探索多元化的科技援助方式；支持北京高新技术成果和专利技术优先向受援地区转化落地，促进北京科技资源与当地科技需求有效对接。

（2）力推产业合作，实现互利双赢。通过科技、产业带动当地农牧业发展的项目仍较少，未能很好地把受援地区的资源优势变为产业优势，形成地方自我发展能力。需提升农业创新及科技示范展示能力。设立专项科技合作计划，根据受援地区产业薄弱的现状，重点支持受援地区的农业高新科技示范园、本地龙头企业、科研中试和示范基地等建设，提供包括技术咨询、技术培训、信息接入服务等不同形式的农业科技援助，提高园区和企业承载产业转移和发展的能力；推动首都农业企业向受援地区拓展业务。做好桥梁纽带和服务保障工作，受援地在工商注册、税收、高新技术企业认定等方面给予优惠，实现"北京有政策，落地有条件"；以开拓首都特色农畜产品市场作为切入点，建立受援地区产品进京绿色通道，并搭建对口援助地区特色农产品电商平台。与北京市场需求对接，向对口援助地区提供新品种、种养技术、绿色投入品、深加工、产品销售、质量检测的全程服务，打造知名品牌。重点打造"微笑曲线"两端，形成"科技成果入援助地区、特色优质产品进京"的合作机制，实现互利双赢。

（3）加强科技协同创新，发挥首都科技辐射带动作用。科技是提升地方自我发展能力的关键。因此需根据受援地区产业发展和科技需求，加大重大科研项目合作。共建一批高水平的重点实验室、工程技术研究中心等研发平台；鼓励北京市科研院所在受援地区建立科研试验示范基地；推进受援地区企业与北京市涉农科研院所、高校跨区域共建研发机构，组建适合两地发展需要的产学研联合体，联合建设工程（重点）实验室、工程（技术）研究中心、农业环境科学试验站、院士工作站、博士后科研工作站等创新平台，共建国家级研发平台。共同申报实施国家科技重大专项、国家重点研究计划等国家项目，形成一批具有国内外领先水平的科技成果；针对受援地区特色产业发展的关键技术，联合开展技术攻关；鼓励北京市农业科研院所和受援地区农科院结成对子，互派农业技术方面的相关专家，定期进行相互学习和技术交流。

（4）加强科技人才交流，全面提升科技素质。目前对口援助工作仍是政府主导行为，缺乏人才激励及长效的合作机制，需继续完善北京与受援地区的科技干部、高端人才、农牧业专业技术人才等交流培训机制，逐步形成多层次、宽领域的科技人才交流培训体系。根据受援地区的需求，有计划地安排北京和受援地区之间的科技干部双向挂职交流。形成科技干部人才"进得来、用得上、留得住"的政策环境；将两地的科技人员互派，列入对口援助挂职队伍中。探索科技特派员异地创业式扶贫，鼓励高校、科研院所的青年科技人才到对口支援地区开展创新、创业工作；推动高端人才交流合作。通过援助计划、特培计划、产学研项目合作等人才交流与合作形式，加快建立两地人才工程建设的联动互促，在受援地区设立人才工作站，开展高层次人才交流合作；完善多层次、多领域的人才培养机制。为当地培养一批专业素质高、能带动广大群众脱贫致富的基层专业技术人才队伍。

（5）完善项目管理机制，加大援助成效宣传。对口支援资金管理的基本原则是"专户管理、转账核算、封闭运行"，但实际运作中却往往表现出"部门分割、多头下达"的特征，不便于资金运作统一拨付、监管和审计。需进一步加强对口援助资金管理。宜在对口支援资金中设立农牧业专项资金，保证专款专用；加强对口援助项目实施管理。完善与受援地的联席会议制度和双方权责共担、联合推动的项目管理机制，提高项目征集过程中的"透明度"，避免项目重复建设和产业同质化发展；完善援助工作考评机制。加强项目监督检查、稽查审计及考核奖惩，强化监督，建立项目监督检查制度，吸引社会中介力量参与，检查项目实施效果；同时充分利用各种新闻媒体，宣传北京市对口支援协作工作的成效。提高全社会对这项工作重要性和必要性的认识，引导全社会共同关心、支持和参与对口支援协作工作，大力营造良好的社会氛围。

（二）京津冀协同发展背景下京冀农产品市场流通研究

1.调研背景

京津冀协同发展是重大国家战略，农业作为国民经济的基础，必须服从、服务于这一战略。2015年3月，北京市农村工作委员会、天津市农村工作委员会、河北省农业厅签署《推进现代农业协同发展框架协议》，强调3地将突出大城市农业功能定位，在多个领域开展合作交流，共同培育农业生产、生活、生态等功能。京津冀区域内，北京市与河北省在蔬菜产业方面的联系尤为紧密：一方面，河北省是北京市蔬菜的主供地，北京市批发市场中近40%的蔬菜来自河北省；另一方面，北京市是河北省蔬菜的主销地。在此背景下，开展京冀蔬菜生产分布及流通调研，摸清河北省蔬菜生产和供京的基本情况，无论对于引导河北省蔬菜科学生产和上市，促进蔬菜产业快速发展，还是对于加强供需对接，满足北京市居民对蔬菜的消费需求，平抑北京蔬菜价格波动，都具有重要意义。

2.调研内容

本研究主要对河北蔬菜主产区开展调研，了解河北省蔬菜主栽品种、产量及生产分布情况、上市周期、技术水平、生产组织方式等，分析河北蔬菜生产规模及进京蔬菜供应量；同时调研北京市农产品批发市场，掌握河北进京蔬菜的销售与需求情况，进而从总体上把握进京蔬菜供需现状。

调研内容主要包括：确定河北省主栽蔬菜品种，摸清种植和上市周期；确定河北省主栽蔬菜品种在主产县（区）的分布；摸清河北省主产县（区）蔬菜的流向分布情况；摸清河北省蔬菜在北京市场销售情况、市场占有率和主销品种；通过对相关数据的调查搜集与统计分析，结合北京市掌握的批发市场信息资源，为河北省蔬菜主产县（区）提供针对性的信息服务，为当地蔬菜生产和销售提供

BAAFS

奋力担当脱贫攻坚的农科重任

市场指导。

3.调研方法

本研究由北京市农业局与河北省农业厅沟通协商，并由北京市农业局信息中心、河北省农业信息中心牵头。主要针对三类调研对象开展问卷调研，一是蔬菜主产县（区）的蔬菜产业主管部门或农业信息主管部门，了解本县主栽蔬菜品种整体生产情况；二是代表性的蔬菜生产主体，如种植大户、家庭农场、合作社、生产基地、农业企业等，主要了解蔬菜上市及流向情况；三是在京大型蔬菜批发市场，如新发地批发市场等，调研进京蔬菜的来源及流向情况。

明确大白菜、番茄、黄瓜等重点蔬菜的主产县（区），每个县选10个生产主体进行流通模式及供京情况的调研，每个样本县（区）确定1~2名联络负责人，由负责人按要求填报辖区内蔬菜生产情况调查表及生产主体调查问卷。

4.调研区域

为开展北京蔬菜均衡供应研究，探索环京建设供京蔬菜应急保障基地的可行性，在调研区域选择上，遵循区位优先兼顾蔬菜生产的原则，除需满足在地理区位上毗邻北京、运输距离小于或接近一小时（简称"环京一小时物流圈"）外，还应是河北蔬菜主产区域及主要供京区域。最终选取河北省8个市20个蔬菜主产大县（市、区）开展本次调研。包括承德市的滦平县、丰宁县、隆化县，张家口市的崇礼县、张北县、康保县、沽源县，廊坊市，三河市的广阳区、永清县、安次区、固安县、霸州市，保定市的定兴县、涿州市、定州市，唐山市的乐亭县，沧州市的青县，衡水市的饶阳县，邯郸市的永年县。调研区域总面积19 000 km^2，超过了北京市域土地总面积。

该区域环绕北京，交通发达，基础设施日臻完善，同城效应逐步显现，是京冀农业协同发展的核心地和桥头堡，有发展成为农业先进生产要素聚集区和农业多功能开发先行区的独特优势；在省内与河北各县（市、区）同根共生，"产程一体"和"源程一体"是河北农业对外开放的"领头雁"和"中转站"，是带动河北农业转型升级和保障北京"菜篮子"优质产品供应的重要力量，将形成服务京津市场的1h稳定保障基地，确保北京"菜篮子"供应和食品安全。

奋力担当脱贫攻坚的农科重任

"环京一小时物流圈"内蔬菜生产大县分布

5.调研结论

（1）以首都蔬菜应急保障为核心，建立京冀蔬菜协同共赢发展机制。加强顶层设计，以"互利共赢"为原则，制定"环京一小时物流圈蔬菜供应保障基地建设规划"；双方责、权、利各有侧重，在河北重点保障生产的同时，明确北京在资金、人才、技术、政策上给予支持；统筹区域布局。根据区域资源优势开展产业链协作，就北京而言打造"研发和销售环节在内，生产环节在外"的协同发展模式，形式包括订单生产、建立生产基地、产销对接等；建立京冀蔬菜流通协调机制，成立分管京冀农产品产销体系的专职协调组织机构，及两地蔬菜流通联席会议制度，统一部署京冀市场，完善利益补偿机制；推进多层次协作联合机制。两地检验检疫部门联合，实行联检联控。推动北京郊区县与河北对应的毗邻县联合，实现优势互补。加强两地科研单位联合，突出科技创新。

（2）以满足高端农产品需求为引导，提升河北蔬菜生产能力和水平。发挥北京在农业技术方面的优势，依托北京的科研单位，联合河北现有的蔬菜生产科技园区、示范基地，科学指导生产活动，提高生产效率及效益；顺应"互联网+"趋势，在河北开展鲜活农产品电子商务示范培训，在河北产地批发市场建设蔬菜电商示范基地，培育"互联网+农业"的新型农业经营主体；探索产业引导，有计划培育北京大型农业龙头企业与河北环京蔬菜生产企业、合作社、大户对接，积极支持北京龙头企业在河北建立外埠蔬菜生产基地；利用北京的科技优势，针对20个蔬菜主产县（市、区）的不同自然地理条件及生产基础，推行"一县一品"，聚焦多种要素打造一到几种特色优势蔬菜品牌，建立经济发展的蔬菜产业"坐标系"，开辟适合各县（市、区）发展的蔬菜产业结构调整与升级的新路子，并将其建设成北京蔬菜供应基地，发挥区域协同发展效能。

（3）以流通成本最小化为宗旨，布局两地蔬菜流通网络。发展短链式营销，支持"农超对接"、电子商务、直营店、集团消费等新型流通业态，支持河北新型农业经营主体在北京建直营店、开展"农超对接""农餐对接"等项目，促进垂直一体化流通模式发展；优化京津冀农产品批发市场布局，结合非首都核心功能疏解，北京农产品市场功能外迁，构建农产品流通网络。采取规划先行，从战略角度围绕一小时物流圈，与河北共建农产品市场与物流产业园区，提高两地农产品流通效率；重点支持河北环京、中心城市大型农产品批发市场进行功能提升与拓展，推动冷链物流发展。加大对公益性批发市场的投资力度，鼓励北京大型批发市场在河北建立分支机构，对仓储、物流配送设施、场地给予政策优惠，保障生鲜产品质量安全，提升蔬菜深冬储备能力。

（4）以蔬菜供需"精准"对接为目标，共建信息化服务平台。建立京冀农产品市场信息采集发布平台。在北京原有的监测主体及农产品批发市场等市场监测预警信息采集点的基础上，对接河北信息采集点和河北批发市场采集点，通过建立网站、微信公众号、LED显示屏等方式将京冀蔬菜供求信息、产品展销、批发市场价格预警等信息发布给相关商户及农业组织；推进农产品市场监测预警。依托两地的专家团队，开展持续跟踪研究，利用大数据分析工具，建立京冀农产品市场监测预警体系；打造环首都农产品电商平台。借助北京电子商务发展优势，与天猫、淘宝网、京东商城、1号店等大型知名电子商务平台合作，建立环首都特色馆，组织具有河北地方特色的"三品一标"农产品集中入驻；瞄准北京高端消费人群，发展有机蔬菜私人和集团定制，实现优质优价，提高种植收益。

BAAFS

奋力担当脱贫攻坚的农科重任

二、人才支撑

（一）干部选派

1.常杰

常杰，中共党员，副研究员，已退休。作为第一批到新疆和田地区援疆干部，克服语言困难、深入基层、深入群众，与少数民族干部群众打成一片，以严谨科学的态度，取得了大量的素材和一手资料。参与了《和田地区园艺商品产业规划设计书》的规划与编写，走遍了和田地区7县1市56个乡镇，撰写了数万字科普宣传材料和总结报告。作为主要执行人参加了自治区《百亩石榴丰产示范研究》项目，在该项目带动下，皮山县皮亚勒玛乡当年石榴产量实现了翻番，成了全县的富裕乡。2000年荣获首都三八红旗奖章。

2.孙京涛

孙京涛为我院蔬菜中心的技术人员，是北京市委组织部选派到拉萨市的首批援藏干部，于1996年12月进藏，在拉萨市农牧局工作，任副食办副主任。孙京涛同志入藏之后，一方面，积极调查了解拉萨地区的生活习惯、消费水平以及蔬菜产业的布局和发展情况，配合当地政府职能部门，努力引进

适应高原、高海拔地区生长的蔬菜品种和栽培机制，丰富了拉萨市的蔬菜品种，创造了良好的经济效益和社会效益。另一方面，针对拉萨市下级农场组织管理混乱、基础设施落后、承包金难以收回等问题，在局党组的支持下，他带领工人加大基础设施建设、修葺改造房屋等，并加强农场管理制度建设，使许多农场的工作重新步入正轨。

3.王铮

王铮为我院畜牧所科研人员，响应国家号召，主动报名，经各级组织审查、筛选，2005年8月，成为北京市第五批援疆干部。作为和田地区畜牧兽医局副局长和一名畜牧业专业技术干部，他深知自己肩头的责任。利用自身科技方面的优势，在其负责地区畜牧技术推广站工作期间，完成了大叶紫花苜蓿、和田羊、策勒黑羊以及有关驴产业项目的制定和实施工作。在经过认真深入基层调研的基础上，及时组织和田地区畜牧技术推广的负责人、干部职工进行座谈，了解情况，制定年度工作计划。全地区，3年内年均完成人工黄牛冷配7万头以上，2007年牛存栏达26.75万头。在2005年11月，新疆和田地区爆发H5N1亚型高致病性禽流感，王铮积极地投入到当地的禽流感防治一线工作当中，以严格、细致、谨慎的态度多次深入疫区督导各市县防治高致病性禽流感工作，并协调主持和田地区高致病性禽流感指挥办公室的日常工作。

在科技培训方面，积极发挥专业特长，亲自上课辅导和组织专业技术干部深入基层进行实用技术服务，不断提高畜牧业专业队伍技术水平和服务能力，年均举办培训班10期以上，受益群众约3 000人次。在项目实施过程中亲历亲为，起到了传、帮、带的作用，强化了一批刚毕业大学生和当地民族干部的实践科技能力。

在实践工作中，坚决执行党的路线、方针、政策，在思想上、行动上始终同党中央、各级政府保持高度一致。维护祖国统一和民族团结，圆满地完成了分管的各项工作任务和北京市援疆的各项工作，积极发挥了援疆优势和桥梁纽带作用。2008年被评为北京市民族团结先进个人。积极向党组织靠拢，按党员的标准严格要求自己，2007年11月，在和田被光荣地正式列为预备党员，并荣获新疆维吾尔自治区援疆工作二等功。

BAAFS

奋力担当脱贫攻坚的农科重任

4.曾另超

我院畜牧所曾另超同志作为"技术援藏"的一员，于2011—2013年赴藏支援拉萨。三年援藏期间，跑遍拉萨七县一区六十四乡镇，深入了解农村基本情况，无论是分管的兽医工作、专项工作、技术培训，还是为市领导当好参谋助手等，都竭尽全力，充分发挥专业优势，践行"智力援藏"。

曾另超认真做好市与县兽医工作的衔接与联系，做到上情下达和下情上报，做好拉萨市春秋两季重大动物疫病防控部署与实施工作；积极参与乡级兽防人员技能培训，乡镇兽防站建设，及政府采购设备物资的发放等乡级兽防体系建设的各个环节；作为全国执业兽医资格考试拉萨考点办公室主要成员，连续三年顺

利完成拉萨市考点的所有工作；3年间完成拉萨市13家宠物医院及兽药店、1家饲料加工厂的兽药GSP认证工作，有效规范了拉萨市兽药市场；2013年2月底刚刚返藏，在得知拉萨市曲水县德吉村发生牛"O"型口蹄疫后，不顾高原反应的他，当天前往一线

指挥部担任现场技术指导，站好援藏尾期属于自己的一班岗。

3年间，曾另超参与乡村春防、秋防专项培训会6次，总计培训农牧民不低于500人次；经过不懈努力，2011年7月促成我院考察团进藏考察，并协调援助资金15万元，作为拉萨市农技人员培训专项资金；2011年8月协助组织拉萨53名乡级兽医到江苏农业学院培训学习；2012年9月协调北京单位接待拉萨市农牧局及其下属单位农技人员27名，进京观摩学习；2012年10月协助完成了拉萨市46名学员赴北京农业职业学院进行农产品质量安全检测的培训工作，加强了技术骨干的基础水平。

曾另超关心团结同事，作为北京市第六批援藏第三支部生活委员，在工作之余积极配合支部书记的各项工作安排；作为援藏干部代表，参加西藏和平解放60周年民族和谐方阵接受习副主席的检阅；在藏期间多次前往城关区娘热乡拉萨市德吉孤儿院看望那里的孤儿，给他们送去了温暖；2012年在党员结对帮扶活动中，与墨竹工卡县尼玛江热乡邦达村仓木觉老人结对成功，曾另超表示"这让我在西藏也有了自己的家"。

三年援藏期间，思想上时刻与党中央保持高度一致，具备较强的是非观，顾大局，甘于奉献；服从命令听指挥，坚决贯彻和执行党的决策，具备较强的责任意识和纪律意识；注意加强政治学习，不断丰富完善理论修养，对援藏工作有深入的理解和认识；紧密团结汉藏同志，工作中任劳任怨、以身作则，生活中深入群众、关心群众。2013年被评为优秀援藏干部。

5.张小月

2013年7月，我院畜牧所张小月同志被选派到拉萨市农牧局，开始为期3年的援藏工作。

期间，张小月加强党政学习，积极参加各种党政培训活动，认真学习"中央第六次西藏工作座谈会"的精神，认真践行"群众路线教育""三严三实""忠诚、干净、担当"和"两学一做"等重要教育专题活动的各项要求。期间获得了以优秀共青团员的身份参加世界反法西斯胜利70周年天安门广场阅兵活动的殊荣，并在2015年经过组织的严格考察成为一名中国共产党预备党员，把共产党员的精神追求和履行党章各项要求作为一生的准则。

2014年，张小月（右二）参与北京市农林科学院和拉萨市农牧局项目对接

2013年，张小月调研了尼木县藏鸡养殖项目，提出藏鸡场址选择、设备选购和后续生产管理方案，为县委县政府提供了决策依据；入选拉萨市净土产业藏鸡养殖推进小组成员，参与制定藏鸡

养殖目标和发展计划。2014年年初，根据文件要求和历年工作经验，分解、制定拉萨市农牧生产任务指标并推进落实；5月被农牧局选派到墨竹工卡县邦达村参加为期3个月的住村维稳工作，克服海拔高（4200 m）、基础条件差的不利因素，圆满完成住村维稳任务，协助当地党组织开展惠民为民工作，与当地农牧民结对子、心连心，宣传党的政策；7月协调我院对拉萨市农牧局的项目资金援助，协助完成我院赴拉萨实地调研工作。2015年，制定并下发拉萨市净土健康产业藏鸡产业当年生产目标和生产计划，并全年负责推进，同时完成了2014年项目验收和数据统计；根据相关文件，和同事一起制定当年的虫草采挖方案，并巡查了重点地区的虫草采挖工作。2016年根据文件要求和历年工作经验，分解当年畜牧生产指标并下发到各区（县），制定当年拉萨市虫草采挖方案，完善采挖安全情况报送制度，成功组织当年"首都专家拉萨行"暨"百名专家下基层服务活动"；按照拉萨市的权责清单完成了各项行政审批、行政处罚的办事流程图和服务指南，为规范拉萨市畜牧方面的行政审批和行政执法作出了自己的贡献。

作为北京市第七批援藏干部的一员，张小月时刻牢记自己的使命，摆正位置，始终把做好民族团结和维护社会稳定作为重要工作。在下乡时与藏族农牧民同吃同住，向他们宣讲党的民族政策，主动与藏族贫困户实施结对帮扶，真情帮助他们解决生产生活中的困难，树立了良好的援藏干部形象。

6.邢斌

2016年，我院信息中心邢斌同志积极响应北京市委、市政府的号召，报名参加了援藏工作。2016年8月至2018年4月，在拉萨市农牧局办公室工作。2018年5月至今在拉萨市城关区农牧局及拉萨市城关区净土农业发展有限公司工作。

在拉萨期间，邢斌主要负责会议通知、文件收发、用印管理、电脑维护、会议室PPT调试、介绍信开具、车辆管理、局机关第二党小组党费收缴等办公室行政工作；负责"12345"政府热线事务处理工作，及时查看并督促相关科室处理代办工单，共处理20余项热线事务，确保没有"超时未处理工单"的情况发生；负责处理拉萨市委、市政府、市各委办局收取文件以及30余份文件的撰写和上报工作。担任拉萨市农牧局纪要秘书工作，共处理纪要电报文件40余份；完成拉萨市农牧局权责清单及各县区权责清单模板汇总和整理工作，期间共计整理权责清单280项。

作为我院与拉萨农牧局的对接桥梁，邢斌积极组织协调两地资源，完成"北京油鸡鸡苗引进""拉萨市农牧业龙头企业和农牧民合作社电子商务培训""拉萨市农业企业'互联网+'研修班"等项目；完成我院援藏项目"抗寒优质牧草生产技术示范""拉萨市农产品追溯系统开发与示范"等多个合作项目的方案制定、组织及实施工作；完成2018年北京市智力和人才援助与短期援藏项目的沟

通、整理、申报工作，包括"拉萨市绿色防控培训""拉萨市'设施蔬菜及食用菌高效生产技术'研修班"；完成拉萨市城关区净土农业发展有限公司同拉萨市科协的项目"智昭产业园区无土栽培科研基地建设"、拉萨市农业财政资金项目"基于质量可追溯的无公害蔬菜直销平台"的申报工作，同时，正在参与研发该公司办公管理系统，目前已完成员工管理、农户管理、水电费管理、办公用品管理、温室大棚租赁等功能模块的开发、测试、试运行工作。

2016年11月，参加中国共产党西藏自治区第九次代表大会，并在拉萨代表团分组讨论会上做了关于学习吴英杰书记报告的发言；担任北京援藏党委第三支部宣传委员，负责了解党内外思想动态，结合支部实际情况采取有效方式开展宣传教育工作，负责支部各项活动信息的采集、整理、撰写等工作。两年来共撰写、整理、审校、上报简报信息100余篇；积极参与拉萨市精准扶贫及助学援助工作。

援藏期间，邢斌同志荣获西藏自治区第九次党代会代表、2017年度北京援藏指挥部优秀党务工作者、拉萨市综治先进个人、拉萨市农牧局优秀共产党员等多项荣誉。

7.张锐

2017年，我院林果院张锐同志作为北京市第九批援疆人员到和田地区执行为期3年的援疆任务。期间参与了"和田国家农业科技园先导区农业设施及基础配套建设"规划及实施工作；协助和田地区不同县市及新疆兵团十四师争取了5个农业项目，项目总金额1066.004万元；此外，积极发挥专业特长，为当地维吾尔族老乡讲解林果栽培管理知识。

▼ 2019年2月，张锐副研究员指导和田地区洛浦县和佳新村90个温室发展北京平谷大桃

▼ 2019年4月，张锐副研究员指导和田市团结新村桃新品种嫁接

张锐协同我院信息与经济所完成了"和田国家农业科技园先导区"的规划工作，为园区建设提供了强有力地支撑。协助园区选择了中国农业科学院、中国科学院、中国农业大学、北京市农林科学院等单位的油用牡丹示范种植、鲜食香味葡萄示范、强优势杂交小麦新品种京麦10等的示范展示以及精品设施无花果、新型冷棚樱桃种植、精品草莓品种技术示范与推广等农业科技示范项目。经过调研走访、实地考察，协助筛选出和田当地的12家农业企业或农业合作社与这些项目对接。同时组织相关专家对拟入园示范品种进行筛选和评估，确定了首批入住园区的种植项目，制定了入园企业改土培肥补偿标准评选等。协助起草制定了《和田国家农业科技园先导区入住企业管理暂行办法》，按照平等自愿、友好协商的原则与首

批入园企业签订了入园企业协议书，明确了协议各方的责任权利关系及各企业项目内容、项目位置和项目概算等。作为科技园区专家指导组中的一员，参与了科技园区的评审和考核等工作。

张锐参与了洛浦县2017年核桃提质增效示范项目，在2 000亩示范区域内通过高头嫁接、科学修剪、合理施肥、科学病虫害防治等综合技术措施的运用，使核桃平均亩产提高20%，效益提高30%，为全县核桃提质增效工作起到了良好的示范带动作用；参与了"北京农林科技专家送技术到和田"项目，通过组织北京农林科技专家到和田地区进行新型实用技术和成果示范推广，指导当地农民开展温室改土培肥番茄高产示范，设计完善了"专家+农户+公司+合作社"全托管企业化的运作模式，让农户在公司中当员工、在合作社中当股东，依托专家技术指导、公司集约化管理，充分调动农户的积极性，大规模推广沙漠高产高效节水种植技术，实现企业和农户的双赢及可持续发展；参与北京农林科技专家送技术到兵团项目，指导当地10座大棚开展改土培肥番茄高产示范技术，此外还带动了其他80座大棚进行效仿改良，示范温室番茄平均亩产达到15～20吨，改良效果明显；参与饲草（皇竹草）种植示范基地建设项目，探索了在和田地区陆地种植皇竹草技术，为养殖贫困户提供饲草，通过改良沙漠土地种植皇竹草共计700亩，带动了280人就业，免费提供给140个建档立卡养殖户，使300人脱贫；参与饲草（麦苗）工厂化生产示范基地建设项目，在设施大棚内采用立体栽培架技术工厂化生产大麦苗，探索了和田地区冬季饲草生产新途径，并总结示范经验进行推广。利用此方式种植的饲草每12～15天可收获一次，每月每亩大麦苗产量可达30吨，示范效果良好。

奋力担当脱贫攻坚的农科重任

（二）外聘专家

1.李武

2011年3月，我院蔬菜中心李武同志受市农委指派同北京市农业局领导和专家一起赴新疆和田地区，为北京市委、市政府主要领导到新疆考察调研及确定中央新疆工作座谈会后北京新一轮援疆农业项目做前期准备工作。对和田地区的农业生产基本情况、农产品采后处理、加工、流通进行了初步了解，与和田市、和田县、墨玉县、洛浦县和新疆生产建设兵团十四师座谈，对有关情况进行细致了解，提出了应加强受援县在农产品保鲜、加工、流通中的基础设施建设和相关技术培训，以此带动本地区设施农业、果蔬产业发展等建议。其中，农产品物流保鲜库、大枣烘干流水线建设项目，被北京市批准列入中央新疆工作座谈会后的第一批援疆项目，李武同志被指定为项目具体实施负责人，负责援建项目工程可行性研究、工程勘察、设计、监理、施工、调试、竣工验收、决算、项目整体移交、技术培训等全程的管理工作。

▶ 2012年12月，"北京市援助和田县农产品物流保鲜库建设"项目验收会，李武研究员是项目主持人

按照中央援疆工作会议精神和市委、市政府的工作部署，李武在市对口支援和经济合作工作领导小组新疆和田指挥部、北京市农

林科学院和蔬菜中心的领导和支持下，接受任务后立即组织实施。2011年4—9月，完成了项目可行性研究报告；组织项目设计单位和受援方多次讨论，完成了2 000吨和田县农产品物流保鲜库建设初步设计方案；根据初步设计方案组织编制了工程概算，并获得审批；与北京援助新疆和田指挥部指定的招标代理公司配合，完成了项目承建单位、项目建设监理单位的招标工作。2011年10月中旬，与受援方配合完成了项目选址和地质勘察，最终确定了建设地点，并开始施工前的准备工作。2012年4月下旬，完成了独立柱基础浇筑、地面土方回填、月台及加工车间挡土墙砌筑等工程；5月中旬，完成了钢结构加工制作、制冷及控制设备、供电设备等采购；8月上旬，完成了钢结构、保温板、制冷、气调及控制设备的安装；10月中旬，完成了电器设备的安装和调试；11月下旬，完成了气调库、预冷库、高温冷藏库、低温冷藏库、机房、办公室、供电系统及其他辅助设施等建设及安装工程，并进行了调试；11月底，完成了工程内部验收和工程的竣工验收；12月9日，北京市援疆和田指挥部组织有关领导、专家及建设单位、监理单位、施工单位、设计单位对项目进行了全面验收，验收质量合格。2013年1—2月，配合北京市援疆和田指挥部向受援方政府进行了"交钥匙"工程的资产交接。

在项目实施过程中，李武先后13次赴和田协调和解决项目电力供应、建设地点变更、占用农民土地补偿、委托项目专用账户建立、施工单位与当地农民发生矛盾等问题。并严格按照委托方的有关项目管理规定，注重经费和质量管理，加强受援县北京援疆干部与县农业局等部门的联系，保证了项目按时完成，并顺利通过验收和审计。2013年，李武同志被北京市援疆指挥部评为"援疆工作先进个人"。

2.武占会

2013年，我院蔬菜中心武占会同志应北京市援疆和田指挥部、市科委的要求，对新疆和田地区蔬菜种植进行对口科技服务，多次到当地进行技术培训，在科学施肥、提高水肥利用率等方面进行技术指导。2015年受聘为"和田地区社会经济发展顾问团特聘专家"。

2015—2016年，武占会在新疆生产建设兵团农一师14团、农六师、农九师种植基地开展了封闭式循环槽培生态栽培系统新技术的示范和推广工作，示范地区以沙漠、盐碱滩等为主。在3地累计示范推广27 000 m²，主要进行番茄、黄瓜、辣椒等作物的种植和技术指导。

武占会研究员受聘为和田地区特聘专家聘书　　　　　2015年9月21日，武占会研究员到和田指导日光温室番茄栽培

2017年，在种植基地累计示范推广面积增加到50 000 m²，除了番茄、黄瓜、辣椒等作物的种植和技术指导外，还进行了安心韭菜新技术的示范和推广工作。9月24—28日，组织我院领导和科技干部赴新疆塔城进行封闭式无土栽培技术推广示范观摩活动，重点对近两年封闭式循环槽培在塔城农九师的推广应用效果进行了观摩，了解了在应用过程中的技术问题，并就今后的进一步推广应用进行了交流。

2017年北京《支部生活》杂志以"田野飞来'金凤凰'"为题报道了武占会同志在新疆的扶贫工作。

3.刘宇

2014年8月，为落实京津冀一体化发展战略，促进食用菌产业协同创新及优化升级，我院植环所刘宇同志牵头成立了"京津冀首都食用菌产业科技创新服务联盟"，将河北省张北县的"河北绿健食用菌科技开发有限公司"等36家单位纳入联盟理事成员单位，随后陆续将西藏拉萨市、河北丰宁县等食用菌企业补充吸收到本联盟中，以实现品种、技术及人才资源共享，促进当地食用菌产业快速发展。2016年6月29至7月3日刘宇赴西藏参加了2016年"首都专家拉萨行暨拉萨市百名专家下基层服务活动"，被聘为"拉萨市专家服务团成员"，连续深入拉萨市堆龙岗德林及洋达农业园区食用菌生产基地、西藏泽西生物科技有限公司、达孜邦堆食用菌生产基地开展技术指导服务与现场技术培训。2016年5月14—17日，刘宇参加了"科技列车赤峰行暨2016年内蒙古自治区科技活动周"活动，在赤峰市宁城县甸子镇围绕食用菌产业形势、品种选用、栽培及深加工技术研发应用、病虫害防治及安全生产、品牌建设等方面对96名菇农进行技术培训。2017年至今，刘宇作为北京科技特派员丰宁食用菌工作站专家成员，特别关注当地食用菌产业，注重培养技术人才，规范食用菌操作流程，食用菌菌棒成品率提高15%；同时示范推广反季节香菇和平菇优良品种，亩均增收达3 500元以上。

BAAFS
奋力担当脱贫攻坚的农科重任

刘宇研究员被聘为拉萨市专家服务团成员聘书

刘宇研究员为拉萨市净土健康食用菌产业科研工作站揭牌

三、小结

为增强受援地区的发展后劲，为最终实现援助工作从"输血"到"造血"的转变，我院一直把智力援助摆在突出位置。自2012年以来，以实地调研、干部选派和外聘专家等形式，为受援地区提供了智力援助。

一是针对对口援助工作开展项目调研，提出相关对策建议。开展了"新形势下促进首都农业科技在受援地区辐射带动作用"的调研，通过实地走访、现场调研等方式对援助工作中的机制、成效、经验和存在问题进行了系统分析，并结合新的形势和发展战略提出了完善援助工作的相关建议，对我院支援工作的再进行有重要的意义；开展了"京津冀协同发展背景下京冀农产品市场提供"的调研，通过了解当地蔬菜生产规模、栽培状况及供应情况，对于引导受援地区蔬菜生产、上市有重要意义，有助于我院对口协作工作的开展。

二是我院先后选派7名干部专家到受援地区挂职协调工作或到当地进行技术指导，另有3位专家被受援地区聘为专家顾问。选派的科技干部和受聘专家作为我院与受援地区相关部门工作衔接的桥梁，协调指导援助工作的顺利进行；参与具体的项目实施工作，积极参与到各个项目环节，确保了援助项目的顺利实施；对当地的农牧业产业发展提供规划指导、人才培训和技术支撑，提升了当地人才技术水平，助力受援地区的农业快速、可持续发展与农民增收。

奋力担当脱贫攻坚的农科重任
——北京市农林科学院对口援助工作巡礼

第六部分

附录

附录1 对口援助地区概况及援助方向

北京市对口援助地区共7省89个县。根据援助方式不同分为3大类。

对口支援地区，包括新疆维吾尔自治区和田地区（和田市、和田县、墨玉县、洛浦县）、兵团第十四师（224团、47团、皮山农场、一牧场），西藏自治区拉萨市（城关区、堆龙德庆县、尼木县、当雄县），青海省玉树市（玉树市、称多县、囊谦县、杂多县、治多县、曲麻莱县）、湖北省恩施巴东。

对口协作地区，包括河南省南阳市（邓州市、西峡县、内乡县、淅川县）、卢氏县、栾川县，湖北省十堰市（郧县、丹江口市、张湾区、竹山县、房县、武当山特区、茅箭区、郧西县、竹溪县）、神农架林区。

对口帮扶地区，包括内蒙古自治区呼和浩特市（武川县）、乌兰察布市（兴和县、四子王旗、商都县、察哈尔右翼前旗、察哈尔右翼中旗、察哈尔右翼后旗、卓资县、化德县）、赤峰市（巴林右旗、阿鲁科尔沁旗、巴林左旗、翁牛特旗、宁城县、林西县、敖汉旗、喀喇沁旗）、通辽市（库伦旗、科尔沁左翼后旗、科尔沁左翼中旗、奈曼旗）、兴安盟（科尔沁右翼中旗、突泉县、扎赉特旗、科尔沁右翼前旗、阿尔山市）、锡林郭勒盟（正镶白旗、苏尼特右旗、太仆寺旗）、呼伦贝尔市（莫力达瓦达斡尔族自治旗、鄂伦春自治旗），河北省张家口市（宣化区、崇礼区、万全区、张北县、康保县、赤城县、涿鹿县、沽源县、尚义县、怀来县、蔚县、怀安县、阳原县）、承德市（丰宁满族自治县、滦平县）、保定市（阜平县、唐县、易县、涞源县、顺平县、涞水县、望都县、曲阳县）。

BAAFS

奋力担当脱贫攻坚的农科重任

（一）新疆和田地区援助方向

1. 实现设施农业生产的新突破

和田地区自然条件恶劣，年温差较大，风沙日较多，不利于农业生产，发展设施农业可以利用设施创造有利于农业生产的条件，提高产出。和田地区农民收入低，投资能力弱。现有的设施农业基本上为土木结构，建造水平低。因此，需要对土木结构大棚进行改造升级。和田地区的大棚多建在林果行间，塑钢结构，拆卸方便，其春提早、秋延晚的作用十分显著，有效地保障了春秋季蔬菜供应问题。农民对此类大棚需求强烈，有必要扩大春秋棚面积。

2. 实现特色畜禽养殖技术及养殖规模的新突破

和田地区"三县一市"，目前已充分利用区域内水土资源、昼夜温差大的气候条件，发展了维药、肉苁蓉、核桃、红枣、玫瑰系列产品，以及獭兔、和田黑鸡、和田羊、塔里木鸽等在全疆乃至全国都独具特色的农业种养产品。这些产品由于富具和田地方特色和民族特色，市场售价较高，经济效益较好。稳步发展特色种养，也是当地产业发展的强烈需求。加大特色畜禽品种的提纯复壮和种群扩繁力度，积极探索、应用标准化生产技术，在继续保持特色畜禽的特性优势和品质优势的基础上，进一步提高产量。

3. 实现现代农业服务体系的新突破

和田地区农业技术力量和基础弱，农民文化水平普遍低，发展设施农业起步晚。2003年开始大面积建设后，发展速度较快，加之远离内地，农民接受先进技术能力不强，普及先进技术的科技人员数量也不足，导致设施基础较差、经营和科技水平较低，因此建设现代农业服务体系成为当务之急。应加强和完善现代农业产业技术体系，开展农业科技培训，培养新型农民，推进基层农业公共服务机构建设。

（二）西藏拉萨地区援助方向

1.发展净土健康产业，推进高原有机农牧业发展

拉萨地处青藏高原，同时位于雅鲁藏布江支流拉萨河中游河谷平原，地势平坦，全年日照时间长（3 000 h以上）。这里有着独特的气候、土壤、人文环境，为发展高原特色种植养殖业提供了基础。2013年9月，拉萨市做出了全力发展净土健康产业的重大决策部署，出台了一系列助推产业发展的政策措施，并请农业部规划设计院编制了《拉萨市净土健康产业发展规划种植篇、养殖篇（2014—2020）》。为推进净土健康产业发展，打造"拉萨净土"产业品牌，援藏项目需要大力支持种子加工基地建设、特色果蔬花卉新品种引进、尼木县藏鸡产业、标准化养殖综合试验站建设等；同时组织北京农牧业相关企业来拉萨投资兴业，带动拉萨农牧业的产业发展，搭建京藏净土健康产业链条，将"拉萨净土健康"产品销往北京。

2.注重技术培训人才培养，实现自我造血能力提升

当地技术人员普遍文化程度不高，缺乏繁育、种植饲养、病虫害防治、防疫质检等方面的技术和经验，急缺农技专业人才和新型农牧业经营管理人才。需要加强智力援藏，选派干部和专家技术人才到当地开展培训指导工作，培养当地技术人才，增强当地发展内生动力，实现自我造血能力提升。

3.搭建农牧信息平台，加强农产品质量安全监测

农产品质量安全关系到人们的切身利益，保障农产品"从农田到餐桌"的质量安全，需要对农产品供应链过程进行信息采集，为监管者和消费者查询提供数据来源。需要以保障农产品质量安全为准绳，健全农业科技体系，补齐拉萨市重大动物疫病防控体系的短板，建立冷链体系和农产品安全追溯体系，确保农产品安全，增加

BAAFS

奋力担当脱贫攻坚的农科重任

农产品的附加值，将优质安全农产品推出去。

（三）内蒙古受援地区援助方向

1. 农牧业产业特色化

立足于乌兰察布市、赤峰市、通辽市独特的气候、区位、市场条件，发展优势特色化产业，引进新优品种、提升种养殖技术，调整优化特色产业结构。例如乌兰察布市的"四种五养"，即种薯、种菜、种草、种燕麦，养猪、养鸡、养牛、养羊、养兔，尤其是重视马铃薯产业，进一步巩固"薯都"称号；赤峰市的杂粮产业具有资源优势和生产优势，以谷子、荞麦、绿豆、高粱为主，但是存在杂粮选育对品质重视程度不够等问题，需要加大科技帮扶力度，促进特色化产业发展。

2. 农牧业产业标准化

尽管部分受援地区特色产业规模化初步形成，产品品质优良，但是整体行业产业化程度低，缺乏标准。最好以种养规模化为抓手，突出发展设施种植业，建立标准化示范园区和养殖场，按照标准化生产技术规程，开展标准化生产示范，推广先进技术，实现增质增效。同时规范种子市场，加强种子企业标准化管理。

3. 农牧业产业品牌化

目前，内蒙古受援地区当地农牧业产业化龙头企业整体实力和辐射带动力不足，需要进一步积极引进、扶持、壮大龙头企业，进一步创新利益联盟机制，创立特色企业品牌，争取将当地特色主导产业纳入地理标志认证体系。加大"四品一标"的认证力度，打造特色品质的绿色有机农畜产品品牌。

（四）南水北调相关受援地区

1. 实施高标准粮田建设工程

河南省南阳市是南水北调工程渠首地，素有"中州粮仓"之称，是全国粮、棉、油、烟集中生产地，是全国重要的粮食生产基地和国家粮食安全战略工程河南粮食生产核心主产区。目前，存在农田水利工程薄弱、土壤有机质含量低、机械化水平低等问题，加快建设优质小麦、专用玉米、优质水稻等高标准粮田生产基地势在必行。

2. 实施生态农业发展工程

南阳市和十堰市等地都具有得天独厚的生态环境和优良水质，把发展无公害农产品作为推进生态农业建设的切入点，需要进一步开发探索新型生态农业模式，将农牧结合、林特结合，逐步形成生态农业典型模式。需要结合生产、生活、生态一体化协调发展的要求，打造以城区为中心的"1小时都市生态农业圈"，构建都市生态农业发展新格局。

3. 实施环境治理检测工程

湖北十堰市、河南南阳市均处在南水北调中线工程的相关地区，特殊的地理位置决定了两个地区在保障水质洁净中肩负着重大的社会责任。目前水源地及干渠沿线水质安全已经拉响警报，需要搭建库区农业生态检测信息平台，围绕生态安全的小流域建设开放式生态循环农业示范区，对重点农业产业病虫害进行绿色防控技术示范，农业实现绿色发展。

（五）河北相关受援地区

1. 实现京冀协同共赢发展

以"互利共赢"为原则，制定"环京1h物流圈蔬菜供应保障基地建设规划"，根据区域资源优势开展产业链协作，打造"研发和销售环节在内，生产环节在外"的协同发展模式，推动北京郊区县与河北对应的毗邻县联合，实现优势互补。与此同时，为确保京津冀的生态环境质量，必须大力发展生态循环农业。加强两地科研单位联合，突出科技创新。

2. 注重高端农产品品牌打造

发挥北京在农业技术方面的优势，依托北京的科研单位，利用北京的科技优势，针对农产品主产市（县/区）的不同自然地理条件及生产基础，推行"一县一品"，聚焦资源打造特色优势农产品品牌，以满足高端需求。

3. 共建信息化服务平台

在北京原有的监测主体及农产品批发市场等市场监测预警信息采集点的基础上，对接河北信息采集点和河北批发市场采集点，通过建立网站、微信公众号、LED显示屏等方式将京冀蔬菜供求信息、产品展销、批发市场价格预警等信息发布给相关商户及农业组织，推进农产品市场监测预警。

附录2　大事记

新疆维吾尔自治区

2014年4月17日，新疆和田地区行署副专员禹学银，和田农业科技园区主任童卫东等一行9人到我院座谈交流，高华书记、李云伏院长、程贤禄副院长及7个所领导和专家参加了座谈会。

2015年7月15日，副院长程贤禄带队一行4人参加市支援合作办组织与和田对接活动。

2016年3月15日，新疆生产建设兵团援疆办主任尤小春在市支援合作办副主任梁义陪同下一行15人到我院考察调研，高华书记及相关研究所(中心)负责同志参加了座谈。

2016年4月17日，新疆生产建设兵团第十二师科技局鞠华局长等一行6人来我院就开展双方合作事宜进行座谈交流，副院长程贤禄、院成果转化与推广处、蔬菜中心、智能装备中心、信息所、生物中心的有关领导专家参加了座谈交流。

2016年5月5—8日，高华书记带队赴新疆生产建设兵团第十四师签署全面合作协议。

2016年6月6—10日，新疆生产建设兵团第十四师总农艺师黄然一行9人到我院示范基地进行考察。

2016年7月5日，新疆生产建设兵团第十四师政委赵建东一行应邀赴我院进行考察座谈，高华书记、李成贵院长、程贤禄副院长及成果转化与推广处、相关所（中心）负责人参加了座谈会。

2016年8月15—18日，院长李成贵带队赴新疆生产建设兵团第十四师考察调研及对接合作，并为第十四师北京市农林学院专家工作站揭牌。

2017年3月10日，新疆生产建设兵团第十四师昆玉市党委副书记、师长安涛，副师长、北京援疆和田指挥部副指挥支现伟，北京

奋力担当脱贫攻坚的农科重任

市支援合作办副主任梁义等一行9人来我院座谈院市合作。院党委书记高华、副院长程贤禄以及相关处、所（中心）负责人、专家参加了座谈会。

2017年8月1日，北京援疆指挥部党委书记、总指挥卢宇国来院就"和田国家农业科技园'先导区'规划设计方案"及园区建设方面进行座谈交流。李成贵院长主持座谈会，党委书记高华、副院长王之岭及相关处室、专家等参加了座谈会。

2017年8月15—17日，院党委书记高华同志带队专家组一行20人到新疆和田考察对接和田农业科技园区建设并看望挂职干部。

2018年2月11日，北京援疆指挥部总指挥丁勇书记一行到我院就和田国家农业科技示范园先导区建设情况及和田地区经济农业发展情况进行座谈。院党委书记高华、院长李成贵，以及相关处室负责人、专家等参加了座谈会。

西藏自治区

2013年12月6日，拉萨市科技局和北京市生产力促进中心来我院植保所座谈交流。

2014年11月，拉萨市市委常委、副市长周普国一行6人到我院交流座谈。院党委书记高华、院长李云伏等领导和畜牧所、蔬菜中心、玉米中心等相关专家参加了交流座谈。

2016年7月26—28日，在北京市—西藏自治区座谈会上，高华书记与拉萨市农牧局代表签署《农业科技对口援藏合作框架协议》，北京市王安顺市长和西藏自治区洛桑江村主席等领导共同见证了协议的签署。

2016年9月5日，北京援藏指挥部党委副书记、副指挥，拉萨市政府党委副书记暴剑等一行6人来我院进行座谈交流。院党委书记高华、副院长程贤禄及职能处室和所（中心）的有关人员参加了此次交流。

2017年7月10—12日，院信息与经济所和拉萨市农牧局共同举办了"拉萨市农牧业龙头企业和农牧民专业合作社电子商务培训班"，共有30名拉萨市农牧企业与合作社负责人参加了此次为期3天的集中培训。

2017年8月20—24日，院党委副书记喻京带队赴拉萨市慰问信息中心援藏干部邢斌同志，并与拉萨市委常委、市政府党组副书记、常务副市长、北京援藏指挥部副指挥暴剑和拉萨市农牧局等举行了交流座谈会，并进行了援藏科技项目对接。

2017年9月15—29日，由信息与经济所和拉萨农牧局在京共同举办了拉萨市农牧产业"互联网+"进修班，共有24位学员参加为期15天的培训。

河南省

2015年4月，我院与内乡县政府、美科尔（北京）生物科技有限公司、签署了《菊花产业基地战略合作协议》，着力打造内乡万亩菊花种植示范基地。

2015年8月31日，我院与南阳市卧龙区政府签订了《北京市农林科学院杂交小麦试验站项目入驻南阳国家农业科技园区暨京宛农业战略合作》协议。院党委高华书记、唐桂均副院长、小麦中心赵昌平主任等出席了签字仪式。

2016年11月28日至12月2日，我院副院长程贤禄率院带领成果转化与推广处、小麦中心、生物中心等领导和专家赴河南省南阳市进行考察交流。

2017年2月6日，邓州市王新堂副市长、王宾副市长一行4人及北京支援合作办的陈国府到院座谈交流杂交小麦产业化基地建设，程贤禄副院长、赵昌平主任等参加。

2017年2月15日，邓州市委书记吴刚同志一行6人到院就双方合

奋力担当脱贫攻坚的农科重任

作进行了座谈交流，高华书记、李成贵院长、程贤禄副院长及小麦中心、信息与经济所相关领导专家参加。

2017年2月22—24日，由程贤禄副院长带队，产业规划、杂交小麦等方面专家参加，赴邓州市商谈农业科技合作协议及杂交小麦产业化基地建设合作协议，并实地考察杂交小麦产业化基地拟选地址，考察调研邓州市土地三权分置乡镇试点，座谈下一步院市农业科技合作等。

2017年3月8日，在北京，我院与邓州市签署《北京市农林科学院邓州市人民政府农业科技合作框架协议》和《关于建设杂交小麦产业化基地的合作协议》。

2017年3月15日，邓州市委、市政府成立农业科技合作暨国家杂交小麦产业化基地项目建设领导小组，市委副书记王兵同志任组长。领导小组下设办公室，在邓州市农业技术推广中心，协调相关工作落实。

2017年3月29日，在邓州注册成立邓州昌平农业科技有限公司，注册资本1 500万元。

2017年3月29—31日，党委书记高华、副院长程贤禄带领规划、小麦、水产、蔬菜、林果、食用菌、信息技术等方面相关专家一行13人赴邓州市进行调研座谈。

2017年8月22—24日，程贤禄副院长带队，小麦中心主任赵昌平、信息与经济所规划专家张斌等一行赴邓州市就杂交小麦基地建设、邓州市农业发展规划进行调研，邓州市副市长王新堂及相关部门领导陪同调研。

2017年9月15日，邓州市市委副书记王兵副书记一行5人到我院座谈交流，党委书记高华、院长李成贵、副院长程贤禄及院成果转化与推广处、小麦中心、信息与经济所等领导和专家参加了此次座谈会。

2017年11月27日，西峡县委常委、马俊副县长与河南省发改委、北京市支援合作办等一行14人到我院进行农业科技合作座谈交流，并参观了植环所食用菌研发团队科研平台。

2017年12月5日，在我院召开邓州市杂交小麦产业化基地建设座谈会，邓州市市长罗岩涛、副市长许惠龙、市政府党组成员王新堂和王振江，河南省发改委地区处领导刘一兵，北京市支援合作办处长王志伟，我院党委书记高华、院长李成贵和成果转化与推广处处长秦向阳、小麦中心主任赵昌平出席座谈会。

2017年12月15日，在2017年北京市对口支援地区农产品展销会上，我院与西峡县人民政府签订农业科技合作框架协议。

2017年12月15日，邓州市政府与我院信息与经济所签署农业科技与信息合作协议。

2018年1月23—25日，李成贵院长带队到邓州考察孟楼镇"三权分置"试点工作和杂交小麦产业化基地建设，并参加邓州杂交小麦产业化基地开工仪式。

2018年3月12—13日，为落实北京市对口协作河南西峡县工作和我院与西峡县签订的院县农业科技合作协议，王之岭副院长一行6人赴河南省西峡县开展县域农业特色产业发展需求调研与科技帮扶工作。

湖北省

2015年11月21—23日，副院长程贤禄带队一行4人赴湖北巴东开展科技对接帮扶活动，并调研考察。

2017年3月10日，神农架林区党委副书记、常务副区长罗栋梁等一行5人来我院座谈交流。副院长程贤禄、成果转化与推广处及信息与经济所相关负责人、专家参加了此次座谈。

2017年3月28日，十堰农科院周华平一行4人前来我院考察交流。我院副院长程贤禄及成果转化与推广处、林果所、营资所相关专家参加了交流活动。

2017年5月11日，我院与十堰市发改局及各县发改局进行了需求对接，程贤禄副院长参加对接会。

2017年9月21—22日，程贤禄副院长带队赴湖北省十堰农科院开展前期项目合作交流和下一步工作座谈，并考察基地。

2017年9月22—24日，程贤禄副院长带队赴神农架林区开展规划项目座谈和考察调研。

河北省

2014年12月26日，承德市农牧局张学东局长带队到我院交流座谈，李云伏院长、程贤禄副院长、苏建通副院长及相关所中心专家参加了座谈会。

2015年12月4日，张家口的贾市长一行9人到我院对接座谈，院长李成贵、副院长程贤禄和相关所中心专家参加了座谈会。

2016年3月29日，院蔬菜研究中心和丰宁县签订了《关于建立北京市农林科学院蔬菜研究中心丰宁满族自治县蔬菜科技示范区合作协议》，并与丰宁荣达农业有限公司签订了《蔬菜新品种新技术试验示范合作协议》。

2016年4月15日，承德农牧局来院座谈科技需求和合作，程贤禄副院长和相关所中心参加座谈。

2016年5月18—20日，院推广处参加市支援合作办组织到张家口扶贫工作调研。

2016年6月17日，京津冀农业科技创新联盟成立。

2016年6月23—24日，李成贵院长带队赴张家口开展农业科技对接座谈，李金华副市长和农口相关单位参加。

2016年7月13日，丰宁县委书记方志勇带队到院座谈交流。李成贵院长主持座谈会。

2016年8月29—30日，李成贵院长带队赴河北省丰宁县考察座谈，并签订农业科技合作框架协议。

2017年3月21—23日，李成贵院长一行14人赴张家口市开展需求调研和合作交流，商讨院市农业科技合作事宜。

2017年4月17日，李成贵院长主持，与东城区武鸿主任、崇礼农牧局闫万祥副局长等一起座谈科技支撑崇礼区的对接援助工作。

2017年4月20—21日，唐桂均副院长在植环所燕继晔所长、郭晓军书记以及相关植物保护领域专家的陪同下，赴张家口市崇礼区清三营乡南窑村开展定点精准扶贫调研工作。

2017年6月22日，在我院职工之家，举行了"首届京张承品牌农产品对接会"。对接会设置北京、张家口、承德三大展区，共计60家优质农产品企业参展，邀请了北京58家采购商进行产销对接，同时还邀请了3名我院栽培、植保、农产品保鲜与加工的专家到展会现场进行农业技术咨询服务。

2017年6月24日，在《京津冀农业科技创新联盟高层论坛暨2017年工作会议联盟大会》上，北京市对口帮扶河北地区的各区级相关部门参加了大会，并参加了援助工作的交流。

2017年7月25—27日，高华书记带队深入考察了沽源长梁乡百合种植基地、张北蔬菜育种基地，崇礼区崇河现代农业基地、三亚湾基地、绿色田园养殖基地，万全区802生态园、林下种植等，并就下一步农业科技合作进行了交流。

2017年9月29日，李成贵院长、王之岭副院长、相关处室负责人等一行5人赴河北崇礼参加京津冀农科院共建崇礼示范基地项目研讨会及现场观摩会。

2017年11月23日，康保县组织部冯向前部长带队到我院进行了农业科技合作对接，就下一步签订院县农业科技合作协议，建立坝上特色畜牧业专家工作站、坝上特色农业专家工作站及坝上生态林业研培中心达成共识，并在专家、培训、人才培养等方面加强支撑。李成贵院长、程贤禄副院长及相关所处专家参加了座谈会。

2017年11月29日，河北省赤城县县委书记马海利一行6人来我院座谈院县农业科技合作、商讨赤城县农业产业规划事宜。

2017年12月6—7日，由王之岭副院长带队一行6人赴赤城县开展农业产业规划项目的调研考察，就规划项目的内容与当地相关部门进行了座谈交流。

2017年12月19—20日，成果转化与推广处秦向阳处长一行4人到康保县考察调研、合作座谈，先后考察了县苗圃场、乾信农业、品冠农业和弘爱农业等企业，就专家工作站建设及康保农业科技合作进行了交流。

2018年3月31日，在"康保县农业产销对接暨精准扶贫论坛"上，我院与康保县人民政府签订农业科技合作框架协议，王之岭副院长、康保县魏宏义副县长分别代表双方签约。

2018年4月10日，李成贵院长一行12人赴张家口怀来县考察与交流。

2018年7月13日，院党委书记高华同志一行十人赴河北阜平县商谈农业科技合作及科技帮扶工作，并考察阜平硒鸽产业基地。

内蒙古自治区

2013年7月10—11日，程贤禄副院长一行8人赴内蒙古乌兰察布进行察右前旗园区规划汇报考察。

2013年11月21日，通辽市老科协高裕良会长一行10人到院座谈考察交流。

2013年12月19—20日，程贤禄副院长出席通辽市小农户科技园年会，并签署与通辽市老科协农业科技合作协议。

2014年6月5—7日，原院党委书记秦树福、副院长程贤禄等一行5人赴通辽市考察通辽市老科协组织的京科系列玉米的展示园和示范园。

2014年8月26日，通辽市老科协乌兰主任来我院座谈科技合作，副院长程贤禄等参加了座谈会。

2014年9月19—21日，高华书记、王丽副书记一行5人赴通辽市参加京科968现场会及技术交流会，并考察老科协小农户科技园。

2014年11月27日，通辽市老科协主席高裕良带队一行8人到我院交流座谈，高华书记、原院党委书记秦树福、王丽副书记、程贤禄副院长等参加了座谈会。

2015年3月19日，原院长李云伏出席通辽老科协小农户科技园建设工作表彰大会并发言。

2015年9月28日，巴盟及通辽市领导带科技局相关工作人员等一行来院座谈交流，我院的小麦中心、蔬菜中心、玉米中心等参加了座谈。

2015年12月18日，通辽市副市长贺海东一行5人来院座谈交流，高华书记、程贤禄副院长，玉米中心，顺鑫控股及顺鑫农科等参加，通辽赠送了锦旗并与农科院种业签了2016年合作协议。

2016年9月25—26日，院党委副书记喻京应邀出席了通辽市科技创新大会，并代表我院与通辽市政府签订了全面战略合作协议，双方在巩固一直以来良好合作成果的基础上，进一步完善合作机制，从科技合作、人才合作等方面深化和扩大合作。

BAAFS

奋力担当脱贫攻坚的农科重任

附录3 合作协议

（一）《北京市农林科学院——通辽市老科学技术工作者协会“关于农牧林业新品种、新技术试验和推广的合作意向书”》（2013.12.20）

关于农牧林业新品种、新技术试验和推广的合作意向书

甲方：通辽市老科学技术工作者协会 （以下简称甲方）

乙方：北京市农林科学院科技推广处（以下简称乙方）

2013 年 11 月，通辽市老科协组织部分旗县市区老科协会长和农业专家共 10 人赴北京市农林科学院学习参观，受到北京市农林科学院院长李云伏、院长助理王之岭及科研管理处、科技推广处、玉米研究中心、蔬菜研究所、林果研究中心负责人的热情接待，双方就各自的科技相关工作开展情况作了介绍，并围绕科技成果转化和推广进行了热烈而充分的座谈。大家一致认为，双方具有各自的科技优势，具有较大的合作空间和潜力，双方商定由北京市农林科学院科技推广处牵头，与通辽市老科协建立长期合作关系，以提高通辽市老科协服务“三农”水平，为加快北京市农林科学院科技成果转化和推广应用提供更多的平台为目标，经充分协商，一致同意在优势互补、共同发展的基础上建立密切的战略合作关系，并就进一步扩大合作空间和内容达成以下协议：

一、科技优势

（一）甲方科技优势

通辽市老科协是全市离退休老科技工作者之家，多年的发展中已形成市、旗县市区、苏木乡镇三级老科协组织网络体系，拥有老科技工作者会员五千多人，是一支具有一定科技试验、示范和推广能力的老科技人才队伍。多年来，通辽市各级老科协组织结合通辽市是农牧业大市，有 1700 多万亩耕地的实际，一直将服务“三农”作为工作重点，在科技培训、科技咨询、科技示范和推广等方面做了大量的工作，特别是近年来开展的以玉米业为主的小农户科技园建设，已成为农牧业新品种、新技术试验、示范和推广的有效途径之一，成为科技成果转化的有效平台。

（二）乙方科技优势

北京市农林科学院是北京市属唯一一所农牧林业科研机构，集聚北京市农牧林业高、精、尖科技人才，学科齐全，设备先进，学术水平高，产业能力强，具有雄厚的技术和人才实力，能够深入而广泛地开展农业应用基础、应用及开发性研究、农业高新技术研究、农业科技成果转化等方面工作，为农牧林业发展提供强有力的科技支撑，为全国农业科技进步和农业现代化建设做出了重大贡献。

二、合作原则

落实科教兴国、科技服务战略，立足通辽市的政策、自然条件，以甲方为依托，引进、转化乙方的品种、技术、成果、人才等优势资源，需求对接、优势互补、互惠互利、注重实效，为促进通辽市农牧业产业科技水平不断提高，提升北京市农林科学院科技服务能力和社会影响力，为地方与科研单位的协同发展、共同进步做出积极的贡献。

三、双方的责任和义务

（一）甲方的责任和义务

1、根据实际情况，免费为乙方提供开展品种、技术、装备等展示示范及技术培训、技术服务等活动所必需的基地、场所、生产设备、相关生产资料和技术资料等，并配备 2-3 名工作人员辅助乙方专家开展工作，严格按照乙方要求落实技术措施。

2、根据甲方需求，乙方专家到通辽市开展技术服务和应用推广时，甲方需为乙方专家开展科技服务提供良好环境条件，负责乙方专家在通辽范围内的相关食宿及差旅费用。如乙方服务时间较长及工作量较大，酌情给予乙方科技人员一定工作补贴。

3、对乙方在推动通辽产业发展中所做的贡献，以政府文件、报道、信息等形式在报纸、网络等媒介上宣传。

4、配合乙方在通辽开展技术研发、技术服务等方面的调研，及时向乙方提供本区域最新的技术需求和市场信息。

5、在同等情况下，在本区域内优先向广大农业生产经营者推广乙方的品种、技术和装备等成果。

（二）乙方的责任和义务

1、对适合甲方地区试验和推广的农牧林业优良新品种、先进技术，要优先在甲方开展试验种植和推广，并提供配套的技术服务，指定专家负责指导。2014 年，由玉米研究中心率先开启合作，乙方向甲方免费提供京科 665、京科 528、京华 8 号、京单 38、京科糯 2000 水果玉米等玉米优良新品种进行试验种植，并同时向甲方提供技术支持和必要的项目支持。

2、根据甲方需求，组织相关领域专家赴通辽开展成果展示示范和技术推广服务，为甲方生产管理提供技术指导，因地制宜地制定栽培管理技术规程，编写相关技术资料等。

3、根据甲方需求，组织相关领域专家进行科研攻关，成果优先在通辽开展推广应用。

4、协助甲方或以双方联合申报的名义，申请国家、省市相关农业科技项目。

四、合作期限

协议有效期限 3 年，即从 2014 年 1 月 1 日起至 2017 年 1 月 1 日止。

五、其它

（一）甲乙双方建立联络制度，各确定 1 名联络员负责联络和沟通，保证各项工作的顺利开展。

（二）本协议为战略合作意向协议，协议中未尽事宜，由甲乙双方友好商定。

（三）本协议一式两份，双方各存一份。

甲方：通辽市老科学技术工作者协会（盖章）　　乙方：北京市农林科学院科技推广处（盖章）

甲方代表：（签字）　　乙方代表：（签字）

2013 年 12 月 20 日　　2013 年 12 月 20 日

通辽市老科协与北京市农林科学院玉米研究中心共同创办科技园计划

一、玉米新品种展示科技园

全市设玉米新品种展示科技园区 5 处，每处 6 个小科技园，每园 5 亩，共种植 6 个品种，园区总面积 150 亩。

承办单位	种植品种	园区数量及面积
科尔沁区老科协	京科 968 京科 665 京科 528 京华 8 京单 38 京科糯 2000	6 个 × 5 亩/个=30 亩
开鲁县老科协		6 个 × 5 亩/个=30 亩
科左中旗老科协		6 个 × 5 亩/个=30 亩
奈曼旗老科协		6 个 × 5 亩/个=30 亩
扎鲁特旗老科协		6 个 × 5 亩/个=30 亩
合　计（亩）	150 亩	

二、玉米新品种推广示范科技园

全市设玉米新品种推广示范科技园区共 7 处。推广示范“京科 665”品种 20 个小科技园共 200 亩，推广示范“京单 38”品种 20 个小科技园共 100 亩。

承办单位	京科 665	京单 38	合计
科尔沁区老科协	3 个 × 10 亩/个=30 亩	2 个 × 5 亩/个=10 亩	40 亩
开鲁县老科协	3 个 × 10 亩/个=30 亩	2 个 × 5 亩/个=10 亩	40 亩
科左中旗老科协	2 个 × 10 亩/个=20 亩	3 个 × 5 亩/个=15 亩	35 亩
科左后旗老科协	4 个 × 10 亩/个=40 亩	4 个 × 5 亩/个=20 亩	60 亩
库伦旗老科协	4 个 × 10 亩/个=40 亩	4 个 × 5 亩/个=20 亩	60 亩
奈曼旗老科协	2 个 × 10 亩/个=20 亩	3 个 × 5 亩/个=15 亩	35 亩
扎鲁特旗老科协	2 个 × 10 亩/个=20 亩	2 个 × 5 亩/个=10 亩	30 亩
合　计	20 个 × 10 亩/个=200 亩	20 个 × 5 亩/个=100 亩	300 亩

BAAFS

奋力担当脱贫攻坚的农科重任

菊花产业基地战略合作协议

甲方：河南省内乡县人民政府
乙方：美科尔（北京）生物科技有限公司
丙方：北京市农林科学院

河南省内乡县人民政府（以下简称"甲方"）、美科尔（北京）生物科技有限公司（以下简称"乙方"）、北京市农林科学院（以下简称"丙方"）本着平等互利原则，经友好协商，三方针对在河南省内乡县建立药用万寿菊、观赏菊花产业基地2019年北京延庆世界园艺博览会菊科花卉资源（以下简称菊花产业资源基地）等领域的合作关系达成共识。甲、乙、丙三方愿意结成战略合作伙伴，三方一致同意在河南省内乡县建立菊花产业资源基地领域开展长期合作。

1.0 合作项目
1.1 合作项目
通过建立三方紧密合作，建立"平等、互利、互惠、多赢"可持续发展的战略合作伙伴关系，注册成立美科尔（南阳）生物工程有限公司，建设美科尔内乡菊产业功能研究中心。
1.2 合作目标
利用五年时间完成种植药用万寿菊5万亩；茶用菊花3000亩；食用菊花500亩；观赏菊花（1000个以上品种）10万盆；投资1亿元建设三座菊花初加工厂及一座菊花综合精深加工厂；实现年销售收入过亿元，利税3000万元。

— 1 —

1.3 合作内容
1.3.1 2015年种植色素万寿菊1万亩，建设第一座菊花初加工厂；2017年发展到3万亩建设第二座菊花初加工厂；2019年发展到5万亩建设第三座菊花初加工厂及菊花综合精深加工厂。
1.3.2 2015年种植茶菊（三个品种）100亩，2019年发展到3000亩；
1.3.3 2015年种植食用菊（四个品种）5亩，2019年发展到400亩；
1.3.4 2015年种植观赏菊花10000盆（500个以上品种），2019年发展到100000盆（1000个以上品种）；
1.3.5 2015年建立"菊科植物内乡博士工作站"
1.3.6 2016年建立"美科尔南阳菊产业功能研发中心"
1.4 合作范围及时间
三方在河南省内乡县国内适宜种植、加工区域开展合作。合作期限暂始年，从2015年4月1日到2034年3月31日止。
2.0 合作三方的权利与义务
三方签订协议时制定《2015年项目进度表》、《项目建设备忘录》，确定为合同的附件。
2.1 甲方的权利与义务
2.1.1 甲方成立"内乡菊产业领导小组"，负责组织协调菊花产业项目落实及"农业产业化龙头企业"立项申报，确保按照乙方的种植技术标准及亩种植所确定的农林作物。
2.1.2 甲方承诺种植面积落实（2015年1万亩，2016 年 2

— 2 —

万亩，2017年3万亩，2018年4万亩，2019年5万亩），并协调帮助乙方的龙头企业、专业合作社、生产大户落实好土地流转、种植管护等生产环节管理。
2.1.3 甲方承诺双方合作协议期间不在内乡地域和其他菊花同类企业合作。
2.1.4 甲方协调整合农业、林业、农机、水利、发改、交通、扶贫等部门的项目资源，全力扶持菊花产业发展，并协调电力、环保、工商、税务等部门能为乙方享受农林作物收费的最低标准，享受省、市、县一切优惠政策。
2.1.5 甲方承诺2015年乙方种植部分乙方收购菊花时分别补助每亩100元，共补助每亩200元，连续补助两年，第三年不再补贴。具体以苗圃定种量数量（3500棵/亩×10000盆=3500万）为补助和收购完毕为准分两批兑现。
2.1.6 甲方承诺对乙方建设的菊花初加工厂，按照县菊产业聚集区招商引资优惠政策提供保地、财政补助、金融支持等服务，并负责乙方菊花加工厂的"五通一平"工作。
2.1.7 甲方负责为丙方建设"菊科植物内乡博士工作站""美科尔南阳菊产业功能研究中心"所需的生产生活、办公投资设施提供保障，提供科研费用10万元/年。
2.1.8 甲方承诺延长该县对口支援内乡菊产业时间，同时全额支付补贴。
2.2 乙方的权利与义务
2.2.1 乙方承诺在甲方规划区域内固定资产投资1.2亿元。

— 3 —

建设三座菊花初加工厂及一座黄体素糖深加工厂，分三期实施，分别为2015年投资1300万元建设第一座菊花颗粒初加工厂、2017年投资1300万元建设第二座菊花颗粒初加工厂、2019年投资9400万元建设第三座菊花颗粒初加工厂和黄体素糖深加工厂。投资建设加工厂的技术标准、生产标准、管理标准符合农林产品加工的规范要求。
2.2.2 乙方承诺足额收购花农所有合格种植菊花（每月防一次年度清栽）。
2.2.3 乙方有权拒绝收购不合格种植菊花（合格标准：菊花种子无任何寄生病虫）。
2.2.4 乙方承诺2017年后无偿为花农供应后种植所需种子。
2.3 丙方的权利与义务
2.3.1 丙方确保乙方所提供的种植品种、技术标准适应甲方土地资源种植。
2.3.2 丙方对种植项目提供《栽培技术规程》及相关资料，并负责对种植户提供种植管理随都环节等方位技术服务指导。
2.3.3 丙方负责加工厂门在内乡建立"博士工作站"，2016年建立"美科尔南阳菊产业功能研究中心"。
2.3.4 丙方负责内乡菊花野生资源收集、保存及品种研究、开发、利用，并负责为甲方提出菊产业发展的详细细则意见，指导甲方菊产业做大做强。
3.0 违约处理
3.1 协议本着"平等、互惠、互利"的原则签订，谁违约谁负责。

— 4 —

3.2 若某一方违约，违约方应全额赔偿受损方由此产生的损失。
3.3 如遇不可抗拒的自然灾害造成的损失互方互不赔偿。
种苗协议一年一议一签，从2016年起，三方在内乡县建设种苗基地，满足种植需求。
4.0 其他
本合作协议自双方签字并盖章之日起生效，有效期二十年。
此协议一式六份，三方各执二份。

甲方：河南省内乡县人民政府
法人或授权代表签字：
乙方：美科尔（北京）生物科技有限公司
法人或授权代表签字：
丙方：北京市农林科学院
法人或授权代表签字：
签字日期：2015年4月10日

— 5 —

（三）《北京市农林科学院——南阳市天隆茶叶有限公司"科技合作协议"》（2015.4.10）

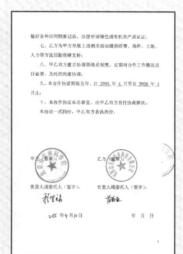

（四）《北京市农林科学院—新疆生产建设兵团第十四师"农业科技合作框架协议"》（2016.5.7）

（五）《北京市农林科学院—拉萨市农牧局"农业科技对口援藏合作框架协议书"》（2016.7.27）

农业科技对口援藏合作框架协议书

甲方：北京市农林科学院
乙方：拉萨市农牧局
2016 年 7 月

农业科技援藏对口合作框架协议

甲方：北京市农林科学院
乙方：拉萨市农牧局

甲方：北京市农林科学院　　乙方：拉萨市农牧局

代表签字：　　　　　　　　代表签字：

2016 年 7 月 27 日

（六）《北京市农林科学院—丰宁满族自治县人民政府"农业科技合作框架协议"》（2016.8.30）

BAAFS

奋力担当脱贫攻坚的农科重任

北京市农林科学院　　丰宁满族自治县人民政府

农业科技合作框架协议

甲方：北京市农林科学院

乙方：丰宁满族自治县人民政府

为实施京津冀协同创新发展战略，落实河北省委、省政府《关于加快科技创新建设创新型河北的决定》等系列创新政策，加快环首都现代农业科技示范带和河北丰宁国家农业科技园区建设进程，推进"国家有机产品认证示范县"和"全国有机农业示范基地"建设，加快脱贫攻坚步伐，促进科技成果转移转化产业化，推动双方共同发展，本着优势互补、互惠互利、长期合作的原则，经友好协商，北京市农林科学院（以下简称"甲方"）与丰宁满族自治县人民政府（以下简称"乙方"）就建立长期农业科技合作关系，达成如下协议：

一、合作方法、宗旨及期限

（一）合作方法

未来五年内，依托甲方的专家队伍、科研设施资源、科技研发试验示范项目、科技成果等优势，依托乙方的区位优势、资金优势、产业基础和劳动力、土地等资源优势，围绕京津冀一体化的农业产业发展科技需求，共同推进双方深入合作，每年双方根据实际情况，共同研究确定并落实合作项目。

（二）合作宗旨

1.加强北京市农林科学院与丰宁满族自治县的协作，实现科研单位科技成果转化与区域农业产业转型发展的"双赢"；

2.探索北京市农林科学院与丰宁满族自治县协同发展的新型农业成果转化和推广服务模式。

（三）合作期限

本协议有效期限为2016年9月1日至2021年8月31日。

二、合作领域与内容

未来五年中，双方依据京津冀一体化的总体部署，按照优势互补的原则，围绕蔬菜、林果、畜禽、水产等行业领域为重点，曝准节水、高产、高效、生态、安全、循环等目标。从产业规划、品种开发、技术推广、现代农业、基地建设、教育培训等方面深化双方的合作，具体合作内容如下：

（一）规划设计和战略咨询；

（二）农产品安全与农田环境检测实验室建设；

（三）蔬菜新品种引进配套栽培技术试验示范；

（四）饲养菌新品种引进及标准化技术集成示范；

（五）林果新品种引种与示范推广；

（六）籽子等杂粮杂豆新品种引进及配套栽培技术试验示范；

（七）畜禽生态养殖技术及粪便无害化处理技术应用示范；

（八）鲤鲤等新优特色玉米品种繁育、示范与推广；

（九）农产品繁育养殖技术培训、鱼病防治培训等；

（十）农产品电子商务、农产品质量追溯、农产品物流配送、农业物联网技术、农业信息远程咨询服务等农业信息化技术应用与展示示范；

（十一）农产品深加工技术示范应用；

（十二）其他相关合作。

三、双方职责

（一）甲方职责

1.甲方根据乙方产业发展需求组成专家顾问团，定期对乙方产业发展、经济建设等进行咨询服务；

2.甲方将乙方作为重要的成果转化基地，在专家服务、成果展示示范和成果转化等方面给予倾斜支持；

3.甲方将乙方作为重要的研发试验基地，优先在乙方基地开展研发试验示范，带动乙方农业产业和劳动力就业；

4.根据乙方需求，为乙方制定种植养殖标准、帮助建设质量检测中心，建立农产品质量可追溯体系；

5.为双方共建试验示范基地农产品冠名标"北京市农林科学院实验基地生产"；

6.根据乙方需求，组织相关专家开展技术咨询、技术服务和技术培训等工作；

7.根据乙方需求，组织相关专家开展新品种、新技术、新成果展示示范工作；

8.优先在乙方设立专家工作站；

9.针对乙方优势产业共建产业创新联盟；

10.帮助乙方编制一二三产融合的县域农业产业规划；

11.其他相关合作。

（二）乙方职责

1.乙方设立院县合作项目资金，围绕解决乙方农业生产的重点科技需求联合开展攻关和技术示范推广；

2.乙方设立"创新券"机制，鼓励城内市场主体向甲方购买技术，开展委托研发、合作研发等农科合作；

3.就鼓励城内市场主体与甲方开展各方面合作，按照市场经济和现代企业治理规则制定相关机制开展技术入股、成果转化产业化，促进甲乙双方和下属机构、专家人员共赢；

4.为甲方开展技术服务、试验示范工作提供场地、办公设备、配套人员等相关方面支持；

5.在乙方基地显著位置加挂"北京市农林科学院试验示范基地"、"北京市农林科学院专家工作站"牌匾或标识，

6.配合甲方在城内设立专家工作站；

7.配合甲方在城内共建产业创新联盟；

8.其他相关合作。

四、建立联络制度和定期会商制度

1.甲乙双方成立由主要领导组成的合作工作领导小组，并分别确定部门办事机构和负责领导与联系人。每年由双方交流组织召开一至两次联席会议，研讨、交流、总结相关工作执行情况和工作计划；

2.乙方聘请北京市农林科学院专家，组成专家顾问团，建立对乙方家教授到点调研咨询、指导服务的接待机制。双方不定期地开展主题专家建议献谋活动。

五、附则

（一）本协议为战略合作框架协议，协议中未尽事宜，由甲乙双方友好商定。

（二）双方合作项目由甲方下属所（室、中心）与乙方城内市场主体依据市场经济规则及相关规定签订具体合作文件。

（三）本协议一式四份，双方各执两份。

甲方代表人签字：李成贵（签名）　乙方代表人签字：杨晓军（签名）

甲方单位公章：（盖章）　　乙方单位公章：（盖章）

2016年8月30日　　　　2016年8月30日

（七）《北京市农林科学院—通辽市人民政府"全面战略合作协议书"》（2016.9.26）

通辽市人民政府 北京市农林科学院

全面战略合作协议书

二〇一六年九月

通辽市人民政府 北京市农林科学院
全面战略合作协议

通辽市人民政府和北京市农林科学院在京蒙合作的大形势下，长期以来双方一直保持着良好的合作关系，为充分发挥北京市农林科学院的科技和人才优势，促进通辽市经济又好又快地发展，经友好协商，现就全面合作达成如下协议：

第一条 合作宗旨

通辽市人民政府与北京市农林科学院将坚持优势互补、合作共赢、共同发展的原则，突出需求导向，实施协同创新，积极发挥北京市农林科学院的人才、学科、科研优势和通辽市的自然资源、区位、政策、环境资源以及产业发展基础，积极拓展双方合作的新领域、新途径、新方式，促进学院科研与地方经济社会的紧密结合，创新链与产业链的双链融合，推动市院共同发展。

第二条 合作内容

（一）科技合作

1、通辽市人民政府和北京市农林科学院采取多种合作形式共同转化科技成果。通辽市政府积极引导和支持北京市农林科学院的科技成果在通辽产业化，支持鼓励各旗县市区企业事业单位与北京市农林科学院联合建立研发中心，解决产业发展过程中遇到的共性与关键技术难题。

2、双方联合申报承担国家和自治区各类科技项目，市院双方在农业产业规划、新品种新技术引进推广、农产品加工技术、农业科技信息等领域开展合作。

3、进一步扩大合作领域，增加合作内容。除玉米新品种引进示范推广合作外，要在设施农业、林果、蔬菜、花卉、畜禽、畜牧业、微生物肥料等领域开展优良品种和技术引进、推广，让更多的科技成果转化为经济效益，在通辽大地开花结果。

4、北京市农林科学院参与通辽市在农业社会发展战略研究规划、重大项目决策，为通辽市企业提供发展战略、管理、项目可行性研究方面的咨询服务。

（二）人才合作

1、北京市农林科学院根据通辽发展需求，推荐北京市农林科学院的专家学者担任通辽市农业专家顾问。

2、双方根据各自实际，组织双向人才交流，通辽市根据各地实际和需求，不定期邀请北京市农林科学院相关专家进行交流、技术指导并组织相关培训。

第三条 合作机制

1、通辽市人民政府安排专项资金用于与北京市农林科学院进行科技合作、人才合作和重点成果转化项目的前期工作。

2、通辽市人民政府与北京市农林科学院建立工作联系制度，不定期开展高层会商。通辽市科学技术局与北京市农林科学院成果转化与推广处作为双方合作的归口管理部门，负责双

方合作的日常工作，双方有关部门将进一步细化各项合作内容和事宜。

第四条 其他

本协议经双方签字生效，有效期三年。本协议文本一式四份，由通辽市人民政府和北京市农林科学院各执两份。本协议未尽事宜，由双方另行商定。

签字：

2016 年9 月26日

签字：

2016 年 9 月26日

（八）《北京市农林科学院—邓州市人民政府"关于建设杂交小麦产业化基地的合作协议"》（2017.3.8）

奋力担当脱贫攻坚的农科重任

关于建设杂交小麦产业化基地的

合作协议

北京市农林科学院
邓州市人民政府
2017 年 3 月

甲方：北京市农林科学院
乙方：邓州市人民政府

为推动北京市与河南省邓州市对口协作，发挥首都农业科技优势，提升邓州区域农业科技水平，实现科研单位成果转化与区域农业产业转型发展的院市合作的"双赢"，创建具有国际领先水平的国家杂交小麦产业化基地，促进我国杂交小麦种业快速发展。本着优势互补、互惠互利、长期合作的原则，北京市农林科学院（以下简称"甲方"）与邓州市人民政府（以下简称"乙方"）就共同建设杂交小麦产业化基地，经双方友好协商，达成如下协议：

一、合作内容与期限

（一）合作内容

依托甲方的杂交小麦科技成果、专家队伍等优势，依托乙方的政策、资源、劳动力、土地等优势，围绕北京市与邓州市对口协作、邓州市农业产业发展和水源地保护、杂交小麦种业发展的需要，共同推进杂交小麦产业化基地核心区（研发中心、试验站和种子检测加工站）和规模化制种示范区建设等工作。

产业化基地核心区（研发中心、试验站和种子检测加工站）建设地址及范围：邓州市规划区内南桥街道以南、南一环路以北、207 国道以西，东方大道以东 430 亩土地，其中征收建设用地的 60 亩，预留建设用地 60 亩，收储试验用地约 310 亩，同时批拟征收为国有农用地。

规模化制种示范区选址：邓州市农业高产示范区内，流转使用土地约 3000 亩。

（二）合作期限

本协议有效期限为 2017 年 3 月 8 日至 2027 年 2 月 28 日。

二、双方权利义务

（一）甲方权利义务

1、甲方在邓州市建设杂交小麦产业化基地核心区（研发中心、试验站和种子检测加工站）和规模化制种示范区。

2、根据乙方需求，组织相关专家开展技术咨询、技术服务和技术培训等工作。

3、根据乙方需求，组织相关专家开展新品种、新技术、新成果展示示范工作。

4、根据乙方需求，联合邓州市相关农业部门和企业，开展杂交小麦产业化工作。

5、协助乙方争取国家、北京市相关农业项目。

6、甲方在邓州市设注册农业科技有限公司，从事杂交小麦产业化基地建设和产业化工作。

7、按照支付建设规划使用土地和流转试验用地等费用。

（二）乙方权利义务

1、根据甲方产业化基地核心区的建设需求，乙方提供约 60 亩的建设用地，预留建设用地 60 亩，建设用地用途为科研用地，划拨方式供地，地价不超过 13 万元/亩，达到"三通一平"条件，办理土地权证及相关建设等手续。

2、根据甲方产业化基地核心区的建设需求，试验用地收储约 370 亩（含预留建设用地 60 亩），完备手续后流转给甲方使用，流转价格参照邓州市市场标准，土地收储于 2017 年 6 月 10 日前完成。

3、根据甲方规模化制种示范区的建设需要，协助流转成方连片土地，在农业高产示范区流转土地约 3000 亩，流转价格参照邓州市市场价格，为杂交小麦制种核心展示示范区用地，并协助提供场地、设备、人员等相关支持；在农业高产示范区农业科技楼内安排甲方科研人员工作生活住房等。

4、协调对口协作资金支持杂交小麦产业化基地建设。

5、协助甲方办理国家杂交小麦产业化基地建设相关手续。

6、落实国家地方相关产业补贴、补助政策。

7、其它义务。

三、建立联络制度和定期会商制度

双方设立由主要领导牵头的院市合作工作领导小组，分别确定部门办事机构和负责领导与联系人。定期组织召开联席会议，研讨、交流、总结相关工作执行情况和工作计划及签定相关事项补充协议等。

四、附则

（一）本协议为战略合作框架协议，协议中未尽事宜，由甲乙双方友好商定。具体合作内容另行签定协议。

（二）本协议一式四份，双方各执两份，自双方签字并盖章之日起生效。

甲方（盖章）   乙方单位（盖章）

甲方代表人签字：   乙方代表人签字：王新富

2017 年 3 月 8 日   2017 年 3 月 8 日

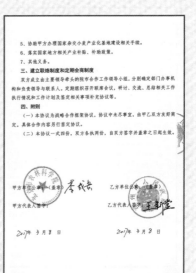

（九）《北京市农林科学院—邓州市人民政府"农业科技合作框架协议"》（2017.3.8）

（十）《北京市农林科学院支持新疆和田地区林业局果树转型发展协议》（2017.8.16）

奋力担当脱贫攻坚的农科重任

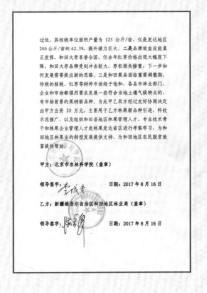

（十一）《北京市农林科学院—西峡县人民政府"农业科技合作框架协议"》（2017.12）

农业科技合作框架协议

甲方：北京市农林科学院

乙方：西峡县人民政府

根据北京市南水北调对口协作工作的统一部署，为落实北京与河南省西峡县对口协作，加快首都农业科技成果转化应用，推进西峡县农业产业升级和经济发展，强化水源地生态建设，提高区域农业科技水平，本着示范引领、产业提升、长期合作的原则，北京市农林科学院（以下简称"甲方"）与西峡县人民政府（以下简称"乙方"）联合同建立农业科技合作关系，经双方友好协商，达成如下协议：

一、合作方法、宗旨及期限

（一）合作方法

未来五年内，依托甲方的专家队伍、科技成果等优势，依托乙方的政策、资源、劳动力、土地等优势，围绕北京与西峡县对口协作，西峡县农业产业发展及水源地保护需求，共同推进双方深入合作，每年双方根据实际情况，共同研究确定合作项目，并落实相应项目资金。

（二）合作宗旨

1. 加强农科院与西峡县对口协作，实现科研单位成果转化与区域农业产业转型发展的院县合作的"双赢"；

2. 探索科研单位与西峡县对口协作中的新型农业成果转化和推广服务模式。

（三）合作期限

本协议有效期限为 2017 年 12 月 13 日至 2022 年 12 月 31 日。

二、合作领域与内容

在合作期内，双方依据北京对口协作的总体部署，从西峡县农业产业升级和水源地保护，按照西峡县农业科技需求，以乡村振兴战略为引领，围绕农业结构调整提质增效、供给侧结构调整、食用菌全产业链技术、绿色生态技术、农业信息技术等领域深化双方的合作，合作内容如下：

（一）产业规划编制；

（二）食用菌科研中心及创新基地建设；

（三）食用菌新品种及全产业链配套高效技术引进示范；

（四）西峡香菇价格指数平台建设；

（五）果蔬新品种及规范化生产和保鲜技术引进示范；

（六）绿色生态安全防控技术引进示范；

（七）农业信息技术集成应用；

（八）其他。

三、双方职责

（一）甲方职责

1. 甲方根据乙方产业发展需求组成专家顾问团，定期对乙方产业发展、经济建设等进行咨询服务；

2. 甲方将乙方作为重要的成果转化基地，在专家服务、成果示范和成果转化等方面给予倾斜支持，并优先与当地企业合作转化；

3. 根据乙方需求，组织相关专家开展技术咨询、技术服务和技术培训等工作；

4. 根据乙方需求，组织相关专家开展新品种、新技术、新成果展示示范工作；

5. 结合项目资源，优先在乙方基地开展试验示范工作。

（二）乙方职责

1. 乙方设立院县合作项目资金，围绕解决乙方农业生产的重点科技需求联合开展科技攻关和技术示范推广，并与甲方共同制订项目资金使用管理办法；

2. 为甲方开展技术服务、试验示范、基地建设、产业化服务工作提供场地、设备、配套人员、政策补贴等相关方面支持；

3. 在乙方基地显要位置加挂"北京市农林科学院试验示范基地"、"北京市农林科学院专家工作站"牌匾或标识；

4. 协调国家、省和北京市相关项目资金支持；

5. 其他。

四、建立联络制度和定期会商制度

1. 双方成立由主要领导牵头的院县合作工作领导小组，分别确定部门办事机构和负责领导与联系人。定期组织召开联席会议，研讨、交流、总结相关工作执行情况和工作计划。

2. 乙方聘请北京市农林科学院专家，组成专家顾问团，建立院方专家到点调研咨询、指导服务的接待机制。双方不定期组织研开展主题专家座谈联谊活动。

五、附则

（一）本协议为战略合作框架协议，协议中未尽事宜，由甲乙双方友好商定。具体合作内容另据协议签订。

（二）本协议一式四份，双方各执两份。

甲方代表人签字：　　　　乙方代表人签字：

甲方单位公章（盖章）　　乙方单位公章

2017 年 12 月 日　　　　2017 年 12 月 日